青春的哲学背囊

青少年智慧人生哲学启蒙读物

编著：姚小林
参编：梅冬华 钱南南

江苏凤凰教育出版社
Phoenix Education Publishing, Ltd

图书在版编目（CIP）数据

青春的哲学背囊：青少年智慧人生哲学启蒙读物／姚小林编著．—南京：江苏凤凰教育出版社，2014.5

ISBN 978-7-5499-3884-1

Ⅰ．①青…　Ⅱ．①姚…　Ⅲ．①人生哲学－青年读物②人生哲学－少年读物　Ⅳ．①B821-49

中国版本图书馆CIP数据核字(2014)第041421号

书　　名　青春的哲学背囊——青少年智慧人生哲学启蒙读物
编　　著　姚小林
责任编辑　午新生　雷利军　范晨霞
出版发行　凤凰出版传媒股份有限公司
　　　　　　江苏凤凰教育出版社（南京市湖南路1号A楼　邮编210009）
苏教网址　http://www.1088.com.cn
照　　排　红十月图文设计有限公司
印　　刷　九洲财鑫印刷有限公司
厂　　址　河北省三河市灵山大口
开　　本　787毫米×1092毫米　1/16
印　　张　10.75
字　　数　169千字
版　　次　2014年5月第1版　2014年5月第1次印刷
书　　号　ISBN 978-7-5499-3884-1
定　　价　22.00元
网店地址　http://jsfhjycbs.tmall.com
邮购电话　025-85406265，85400774　短信 02585420909
E－mail　jsep@vip.163.com
盗版举报　025-83658579

江苏省校本课程精品系列

编　委　会

前言

《青春的哲学背囊——青少年智慧人生哲学启蒙读物》是我们几个教师编撰出来的一束智慧之花。

哲学是开在人类智慧之树上的最高花朵，它的许多道理都是在总结和概括自然科学和社会科学的成果的基础上提出来的。它的道理比自然科学和社会科学的道理要抽象得多，属于更高地悬浮于空中的思想领域。因此，许多人觉得它高深莫测，甚至感到它很神秘，认为中学生根本学不了哲学。其实，这是一种误解。它的一些理论和方法确实是深奥的，但绝不是高深莫测的，更不是神秘的。

哲学从它产生的那天起，肩负的使命就是把人的思想从宗教神话的束缚中解放出来。在古希腊，最早的哲学家泰勒斯提出了“水是万物本原”的思想，它标志着希腊人已经开始抛弃宗教神话的思维方式，改用哲学的思维方式考虑世界了。在中国，古代“阴阳五行说”的产生也起到了同样的作用。哲学研究的对象不是宗教描绘的虚无缥缈的天国，而是我们生活在其中的现实世界，它的内容就是对现实世界的如实反映。现实世界中一切现象都有规律可循，根本就不存在神秘的东西，所以，在哲学中也不会有神秘莫测的内容。实际上，中学生在生活和学习中都会遇到需要进行哲学思考的现象。哲学不在天国，就在我们身边。

美国当代哲学家马修斯写了一本叫《哲学与童年》的书，该书列举了大量的例子证明幼童生来就有进行哲学思考的能力。这种能力首先表现为幼童会提出许多带有哲理性的问题。马修斯把这些问题看成是进行哲学思考的一份“请帖”。这种能力还表现为幼童也会作哲理性的评论。幼童能够做到的，对我们中学生来说，当然更不在话下了。随着社会的发展和科学技术的进步，中学生的生活阅历和科学知识不断丰富，互联网时代更让中学生不仅持有进行哲学思考的“请帖”，还能提出更多富有哲理性的问题。随着他们运用概念、判断和推理能力的增长，他们也会作出更多更好的哲理性的评论。

我们期待通过阅读本书能使中学生朋友生活得更好，学习得更好，将来工作得更好。哲学可以陶冶我们的情操，使我们成为精神世界丰富和高尚的人，也可以帮助我们把握好人生航船的舵轮，不管遇到什么样的风浪，都能平安地到达目的地。

本书的上篇是把一些哲学家曾经思考的问题和思想以简要的方式呈现出来；中篇是以逻辑思维为基础讲述论辩的技艺，教会我们击破诡辩和摆脱两难困境的方法；下篇是用哲学的语言解读生活中的心灵故事，使我们备受启迪，深有所感。

哲学是个大世界。在这里，既有自然规律的探寻、社会之谜的寻觅，也有思想面纱的撩拨；既有真的揭示、善的启迪，也有美的追求；既放射着西方哲学大师的理性之光，也迸发着中国哲人的智慧火花……这个大世界的方方面面，我们不能一一展示，但我们力求把其中的精华奉献给大家。

智慧对人来说是最宝贵的东西。愿各位都成为爱智慧和拥有智慧的人。

序 言

哲学，在一般人的眼中是高深而又枯燥的。

何谓哲学？哲学既是世界观的学说，又是方法论的学说。世界观是人们对整个世界（自然界、人类社会、思维）的总的、根本的看法和观点。方法论是运用世界观分析问题和解决问题的根本方法。中学生正处于世界观形成的关键时期，哲学教给他们的正是如何做人，如何用科学的方法看待生活，正确认识、分析生活中的真善美与假恶丑。笛卡尔曾说：“我思故我在。”指出人生来就应该思考，失去思想，人将非人。“你是谁？”“你从哪里来？”“你要到哪里去？”这绝不是一般的日常问题，而是三个深刻的哲学命题，是需要每个人用行动回答的人生课题。哲学与生活息息相关，它绝不是哲学家们闭门造车的产物，它来源于生活，是对生活的提炼，又反作用于人们的生活。

哲学的理论融汇于生活，生活与哲理同在。联系生活实际，用科学的方法引导学生看待生活、发现问题、分析问题，从而树立正确的世界观、人生观和价值观，不断提高其自身的认知水平，这是我们作为政治教师的历史使命。

生活不断向前发展，每时每刻都有新的东西在产生，我们希望通过这本教材中深入浅出的生活事例、哲理漫画、哲学命题、心理寓言、管理效应等，引领学生结合时代发展所赋予的新的内容，以新的视角来看待大千世界，感悟人生，让学生懂得生活中处处有哲学、有哲理，让我们用理性的头脑思考一切，悟出蕴藏在大千世界背后的许多深刻的道理。

人生的经历不同，对人生的体验往往就不同。本书旨在解读人生哲理，囊括了古今中外流传最广、引用最多的哲理故事。文字明了简洁、灵气十足，具有经典故事短小精炼、情节简单、可读性强、通俗易懂的独特魅力。每个故事之后的“智慧解读”也极具灵气，犹如一股股清泉润物无声，读来令人茅塞顿开，心智敞亮，如饮醍醐。

在人生的道路上，没有平坦之捷径，往往充满坎坷崎岖。不同的路该如何走，这是我们每个人必须冷静思考的问题。希望同学们把这本书放在枕边，当彷徨苦闷或闲暇无聊的时候，翻翻它。或许它会给你答案，给你力量，让你在人生的道路上左右逢源，永远立于不败之地。

目录
CONTENTS

上　篇

哲人光辉——聆听智者之音

人生有两种境界：一是痛而不言，二是笑而不语。痛而不言是一种智慧，笑而不语是一种豁达。

认识你自己

古希腊有个青年人，他认为自己比大哲学家苏格拉底还聪明。

有一天，苏格拉底问了他一个问题："世间是先有蛋还是先有鸡？"

青年人不假思索地回答："鸡是从蛋中孵出来的，自然是先有蛋啰！"

"蛋是鸡下的。没有鸡，蛋从哪里来？"

青年人想了想说："那还是先有鸡！"

"你刚才已经说过，鸡是从蛋中孵出来的。没有蛋，鸡从哪里来？"

青年人抱怨说："你怎么提出这样一个怪问题呢？现在我也问你一个问题。"

"请说吧。"

"你认为是先有蛋还是先有鸡？"

苏格拉底老老实实地回答说："我不知道。"

青年人笑了，说："这样看来，你和我其实差不多啊！"

苏格拉底说："不，你是以不知为知，我是以不知为不知。以不知为知非知，以不知为不知非不知矣！"

第一节 有趣的哲学命题

哲学是一门智慧之学，懂得一些哲学道理，可以让学习更得法、生活更有趣。本节主要通过几个小故事，解读几个有趣的哲学命题，希望能对你有所启发。下面，我们就一起开启我们的哲学之旅吧！

一、知识就是金钱

古希腊哲学家泰勒斯曾经是一位商人，但是他对赚钱并不怎么上心，而是把大部分时间和精力都用在了各种研究上。他喜欢研究天文，喜欢研究数学，也喜欢研究哲学思想。每当赚了一点钱，他就会拿去旅行，以增长见闻。所以，泰勒斯的日子过得相当窘迫，他是一个没有钱的商人。而泰勒斯生活的城邦米利都是一座手工业和航海业都很发达的港口城市，那里东西方贸易频繁，许多人都过着十分优越的生活，也享用着来自世界各地的奢侈品。相比之下，穷巴巴的泰勒斯就成为人们嘲笑的对象。邻居们都说他只会干些没有用的事情，他学的那些东西毫无用处。还有人打趣说，哲学家就等于没用的人、不会赚钱的人。面对嘲笑，泰勒斯却不以为意，他对那些嘲笑他的人说："你们可以认为我没用，但要说知识没用，那就大错特错了。"

很快，泰勒斯就找到了反击的机会。那

哲学人物

泰勒斯：古希腊著名的思想家、科学家、哲学家。在天文学方面，泰勒斯曾对太阳的直径进行过精确的测量和计算；在数学方面，他引入命题证明的思想；在哲学方面，他总结出“水生万物”的观点。他是西方思想史上第一个留下名字的哲学家，也被誉为“科学和哲学之祖”。

一年，由于天气的原因，当地的橄榄全部歉收，许多做橄榄油生意的人都赔了本，甚至有人无奈地卖掉了自己的榨油机，改做其他生意。但泰勒斯经过仔细观察和分析天象，认为来年一定会风调雨顺，橄榄将获得大丰收。于是，第二年开春后，泰勒斯便不动声色地以低价租下了米利都所有的橄榄榨油机。这一年，橄榄果然获得大丰收，许多人想做橄榄油生意却没有了榨油机。于是，泰勒斯就靠高价出租榨油机狠狠地赚了一大笔钱。泰勒斯用事实告诉人们：如果他想赚钱的话，就可以靠知识比别人赚得更多，只不过他有更重要的事情要做罢了。

泰勒斯在经商期间曾到过很多东方国家，也一直不忘学习和研究。他不但学习了古巴比伦观测日食、月食和测算海上船只距离等知识，也了解了埃及土地丈量的方法和规则，还研究了万物组成的原始思想等。虽然泰勒斯不是一个特别出众的商人，但却是一个受后人景仰的知识渊博的学者。他用他的智慧在天文学、数学和哲学方面都作出了突出贡献。

哲学智慧

知识就是力量，知识也能创造财富。泰勒斯的故事告诉我们：要想做一个成功的人，就必须尊重知识。只有积累了深厚的知识，掌握了超群的技能，才能在创造财富、打造成功的路上越走越远。

二、“本来无一物”

据《坛经》记载，禅宗五祖弘忍要在门下弟子中选择一个继承人，于是，他命每个弟子作一首偈子（佛语，又称“偈诗”），以考察他们对佛家教义的理解。一开始，弟子们都面面相觑，谁也不敢动笔。只有弟子神秀在思考数日之后，写下这样四句诗：

“身是菩提树，心如明镜台。时时勤拂拭，勿使染尘埃。”

这首偈诗以佛祖释迦牟尼在菩提树下修道成佛的传说为依据，神秀以此表示自己身像菩提树一样坚定，心如明镜台一般洁净。时时勤加拂拭，不让自己的身心染上一点尘埃。

哲学人物

弘忍：东山法门开创者，被尊为“禅宗五祖”。弘忍13岁剃度出家，为四祖道信的弟子，他在继承老师的衣钵后，又开创了东山寺，光大了佛法。另外，在禅学上，他还增加了以《金刚经》印心的新内容，推动了禅学的不断发展。

五祖弘忍法师见神秀写完偈诗，便叫门人焚香礼佛，并诵读此偈。但他亲自对神秀说：“汝作此偈，未见本性，只到门外，未入门内。如此见解，觅无上菩提，了不可得。”意思是说你对佛法的悟性还没完全到家，要悟得无上佛法，这点见解还远远不够。于是，弘忍要神秀再去作一偈来，但神秀去了数日，仍作不出来。

当时，寺里有一个挑水的和尚，他虽然不识字，但也略懂佛法。这个和尚听说了神秀的偈子后，便知神秀未悟出真佛道，于是自作一偈，托人递给五祖弘忍。

五祖弘忍展开偈诗一看：“菩提本无树，明镜亦非台。本来无一物，何处染尘埃。”

这首偈诗彻底反驳了神秀的偈诗。其大意为：菩提本是佛家最高智慧，并没有实实在在的树；明镜也是一种清净心，而并非可观可见的镜台。世间本空无一物，又何处能够染上尘埃呢？也就是说，这个和尚认为，他这个人根本就不是“物”，也无身可修，只有佛家信念。广而言之，世界上“本无一物”，什么东西也没有，所以也就没什么尘埃，亦无所谓污染。

弘忍的众位弟子听闻此偈后，都大惊失色，皆深感精妙。但弘忍还是对和尚说：“亦未见性。”

到了第二天，五祖弘忍亲自来到挑水和尚舂米的房间里，用木杖敲打了石碓三下，然后离去。和尚对五祖的做法心领神会，到了夜里三鼓时分，他来到五祖的房间里，五祖弘忍为他解说《金刚经》，他都能顿悟。

知识链接

唯心主义：又称“理念论”，是哲学的两大基本派别之一，与唯物主义相对立。唯心主义主张精神、意识是第一性，物质是第二性，即物质依赖意识而存在，物质是意识和精神的产物。该主义认为，一切公理和定理都不过是基于观察的一种假设，不是绝对正确的，假如不再符合人类的观察，就会发生改变。

至此，五祖弘忍法师认为这个和尚对佛家的教义最能心领神会，于是决定把衣钵传给他。他就是禅宗六祖——慧能法师。慧能那首“菩提本无树”的偈子也成为佛家著名的偈语，意在说明世间一切有为法，皆如梦幻泡影，教人不要妄想执着，才能明心见性、自证菩提。

哲学智慧

虽然慧能否认了物质的存在，讲的是唯心主义，但仍能给我们深刻的启迪。人心之所以有挂碍、有尘埃，只是因为心对世界万物的表象有所期待，所以人会有烦恼，有贪念，无法放开心胸。要明白，世间万物都可以为我所用，但又并非专属我一人。不过于追求物质，看淡名利，方能获得心的自由。

三、“我不是我了”

在古希腊流传着这样一个故事：有一个人，经常耍无赖。一次，他外出时忘了带钱，便向同行的邻居借了一些。过了很久，这个人仍然没有还钱的意思，邻居只好上门讨债。这个人没钱可还，便对邻居说：“一切皆变，一切皆流。现在的我，已经不是当初借钱的我了，所以现在的我没必要还你的钱。你要讨债，还是去找当初的我吧。”总之，他是摆明了想赖账不还。邻居非常生气，一怒之下打了他一记耳光。赖账人这下火了，喊道：“好啊，你敢打我！我要去官府告你，告你无故伤人！”说着，他就要拉着邻居去见官告状。这位邻居并没有害怕，不紧不慢地反击道：“一切皆变，一切皆流。现在的我，已经不是刚才打你的我了，你凭什么去告我？”这一下，赖账人无言以对。

故事里的希腊人借口事物是变化发展的，否认了相对静止，否认了物质的稳定性，从而把一切事物都看成是瞬息万变、不可捉摸的，这是典型的不可知论，陷入了唯心主义的泥坑。

辩证唯物主义认为，事物是变化发展的，一切事物都是运动的，是无条件的、永恒的，因而运动是绝对的。但是，辩证唯物主义在承认事物运动的同时，也承认静止的存在。静止是暂时的、有条件的，因而是相对的。不承认相对静止，否认事物质的稳定性，也就无从认识事物。

哲学智慧

任何事物都是发展变化的，同时又具有不可分割的历史连续性。简单来说，是昨天铸就了今天，同时也是今天打造了明天。我们要懂得时时回顾过去，并展望未来，用一个个今天去打造美好的明天。

四、阿基里斯追不上乌龟

“人能不能追上乌龟呢？”大家听到如此发问，一定会觉得太可笑了。乌龟爬得那么慢，人追上乌龟有什么难的，这值得一问吗？但是，在公元前5世纪，古希腊哲学家芝诺却发表了著名的“阿基里斯追不上乌龟”的悖论。

阿基里斯是全希腊跑得最快的英雄。据说，在特洛伊战争中，特洛伊城战将赫克托耳杀死了阿基里斯的朋友帕特洛克勒，阿基里斯发誓要为朋友报仇，最终他以“快腿”的优势刺死了败逃中的赫克托耳。

哲学人物

芝诺：古希腊数学家、哲学家。芝诺生活在古希腊城邦埃利亚，是埃利亚学派的学者巴门巴德的学生和朋友，他在公元前5世纪提出了40多个关于运动的悖论，至今保存下来的有8个。他的悖论看似荒诞无稽，但却推动了数学和哲学的发展。黑格尔曾称他是“辩证法的创始人”。

就是这样一位“快腿”英雄，芝诺却论证他追不上乌龟。在芝诺的理论中，他提出，先让乌龟在阿基里斯前面1000米处开始起跑，并且假定阿基里斯的速度是乌龟的10倍。比赛开始之后，阿基里斯要追上乌龟，就必须先到达乌龟的出发点，也就是要多跑1000米。而在他跑这1000米的同时，乌龟又爬行了一段距离。于是，阿基里斯又必须赶上这段路才能到达乌龟的新起点。而在这段时间内，乌龟又向前爬行了一段路，阿基里斯又要继续追到下一个起点……这样一直追赶下去，芝诺解释说，虽然阿基里斯能无限接近乌龟，却始终不可能追上它。

芝诺之所以得出这样错误的结论，是因为他将运动与静止完全分离开来，把运动绝对化，而否定了客观标准。这是一种相对主义的诡辩论。而实际上，运动与静止是对立统一的辩证关系，二者相互依存，也相互变通。不能只承认运动，也不能只讲静止，否则就会陷入形而上学的泥潭。亚里士多德曾精辟地分析过芝诺的论证，他说：“认为在运动中领先的不能被赶上。这个论断是假的，因为当它领先时是不能被赶上的，但如果允许它可以越过规定的有限的距离，那么它也是可以被赶上的。”亚里士多德指出了芝诺观点的一个要害的问题，就是：先给定了一个不允许最快的超过规定的有限的距离的前提。而事实上，最快的可以越过有限的距离，从而超过最慢的。显然，芝诺只承认两个彼此分离的不同的时空点，而否认它们之间的相互联系，进而否认运动的真实性，这无疑是片面地强调了时空的无限可分性，是形而上学的观点。

哲学智慧

芝诺的悖论告诉我们，不能孤立、片面地看待事物，要用统一、辩证的眼光看待周围的人和事，这样我们才能获取正确的认知。另外，凡事不要钻入死胡同，片面夸大某件事物的影响力和作用力，而要多角度考虑问题，这样才能更容易地解决问题。

五、庄周梦蝶

哲学人物

庄子：名周，战国时期著名的思想家、哲学家和文学家。他是道家学说的主要创始人之一，一生主张“天人合一”和“清净无为”，与老子合称为“老庄”，他们的思想也被称为“老庄哲学”。庄子的著作《庄子》是中国古代典籍中的瑰宝，具有极高的哲学价值和文学价值，《逍遥游》《齐物论》是其中的名篇。

庄子为了论证自己的“齐万物而为一”的观点，在其《齐物论》中讲了一个著名的“庄周梦蝶”的寓言。他讲道：“昔者庄周梦为蝴蝶，栩栩然蝴蝶也。自喻适志与。不知周也。俄然觉，则蘧蘧然周也。不知周之梦为蝴蝶与？蝴蝶之梦为周与？周与蝴蝶则必有分矣。此之谓物化。”这段话的意思是说，庄周做了一个梦，梦到自己变成了一只蝴蝶，在花丛中飞来飞去，十分得意。这时，他完全忘记了自己是庄周。可是一觉醒来，他发现自己还是庄周。于是，庄周对此产生了疑问，究竟是庄周做梦变成了蝴蝶，还是蝴蝶做梦变成了庄周呢？也就是说，认为自己处于现实中的庄周，也许正是蝴蝶梦中的情景呢。

庄子认为这是一个无法说清的问题，然而他又不得不承认自己与蝴蝶是有区别的，但这种区别只是一种物的变化。在庄子的道学看来，世上什么都是一样的，也就是所谓“齐一”的。梦也好，醒也好，庄子也好，蝴蝶也好，究竟是什么，根本不必去追究，事物之间的差别都只是相对的。从“道”的角度观察事物，此也是彼，彼也是此，没有确定的界限。所以，诸如此类的问题是任何人都搞不清楚的，是非曲直也是无法判断的。

从哲学上说，庄子的观点是一种根本否认客观事物标准的错误观点。以我们的实际观察而言，客观事物在一定条件下是彼此相互联系着的，但是，这种联系是有区别、有差异的联系。换句话说，任何联系都是有着自身特殊性质的事物之间的联系。正是由于这样一种各自不同的联系，才使世间万物千差万别，从而让客观世界显示出具体生动又丰富多样的景象。而庄子认为万物“齐一”，恰恰从根本上否认了事物之间的差别。

实际上，人在做梦时把自己与曾经历过的日常事物联系在一起，是很正常的一种大脑意识活跃的表现。这种联系是不能否认事物的彼此差别的，更不能怀疑客观事物具体存在的确定性。我们绝不能说，人梦到了“飞机”“火车”，就像庄子所说的人有可能是飞机或火车做梦变成的。辩证唯物主义认为，一种认识的是与非，是否合乎客观事物及其规律，只有通过实际的鉴别和检验才能确定。庄子把是非标准看作是纯主观的、相对的，实质上是一种唯心主义的观点。

哲学智慧

庄子的思想自由而深远，其文章常充满浪漫的想象，我们可以从中汲取独特的养分，培养自由、自主的精神。但在现实生活中，我们当然还要遵循客观事物的规律，不随意用主观想象来代替客观事物，不任意妄为，才能正确处理自己的学习和生活。

六、猫被创造出来就是为了吃老鼠

“猫被创造出来就是为了吃老鼠”，这是恩格斯讽刺神学目的论的一句名言。神学目的论最初是由古希腊哲学家苏格拉底提出来的。苏格拉底认为，世界上的一切都是由某种目的所决定的，神“把一切特殊事物都安排在最好的位置”。到了近代，坚持这一学说的最著名的代表是德国唯心主义哲学家莱布尼茨和沃尔弗。他们认为，构成事物的最小单位是“单子”，而“单子”的“生”“灭”都是由上帝的意志决定的。多种多样的“单子”构成了千差万别的事物。而全部“单子”的和谐发展，形成了宇宙中良好的秩序。这是由上帝根据“充足理由”“合乎目的”安排

的。既然这个世界是上帝在无数个可能的世界中选择出来的，那么，这个世界就是最理想的世界，一切都是最好的。甚至可以说，连邪恶都是最好的。邪恶的存在正好可以衬托良善，可以使善更善。因此，一切事物的存在都是有目的的，都是被神安排好的。

对于苏格拉底等人这种唯心主义的说教，恩格斯进行了辛辣的讽刺。他说："猫被创造出来就是为了吃老鼠，老鼠被创造出来就是给猫吃，而整个自然界被创造出来是为了证明造物主的智慧。"而事实上，在整个客观世界中，任何一种事物或现象的出现都是由与它有内在联系的另外一种或一些现象所引起的；而这一事物或现象的出现又必然引起与之有内在联系的其他事物或现象的变化。这就是原因和结果的联系。这种联系在客观世界当中是普遍存在的，它对于客观事物的发展起着至关重要的作用。我们在日常生活中经常会听到有人说我们的工作没有结果，而实际上不过是我们的工作没有达到预想的目的，而这种现象本身就是结果；还有些现象的原因我们没有找到，这并不能说这些现象没有原因。这种因果联系既不是任何一个人的主观意志决定的，也不是由任何一种超自然的神秘力量控制着，更不是神的意志。

在自然界，猫是老鼠的天敌，狼是羊的天敌。但这些物种之所以能够存在和发展是因为目前自然界存在着使它们能够生存的条件；这些物种不能无限制地繁衍又是因为客观世界存在着许多控制它们生存的因素。自然条件不断发生变化，各个物种也就不断地适应着这种变化，于是引起了生物的进化，不适应条件变化的物种就会灭绝。这一切都不过是自然选择、生存竞争的结果，而并非万能的上帝所为。

哲学人物

恩格斯：德国思想家、哲学家、革命家，马克思主义的创始人之一。恩格斯是马克思的挚友，在马克思逝世后，成为国际工人运动的新领袖。他还整理了马克思的大量手稿和遗作，完成《资本论》第二卷和第三卷的出版。

苏格拉底：古希腊思想家、哲学家、教育家，西方哲学的奠基者。他倡导人们认识做人的道理，过有道德的生活。他把哲学定义为“爱智慧”，也被认为是当时最有智慧的人。

哲学智慧

有因必有果，因果关系是客观世界中普遍存在的一种关系。也就是说，任何现象都会引起其他现象的产生，而任何现象的产生都是由其他现象所引起的。这并非神的意志，而是一种客观存在。所以，人生中没有什么命中注定，我们要做的，就是把握自己的命运，用付出努力的“因”去创造良好的“果”。

七、丽姬不美

在庄子的《齐物论》中，提到一位著名的美人“丽姬”。丽姬本是镇守边疆的一个小吏的女儿，长得非常美丽。后来，晋国的国君来到边疆，并见到了她，因贪恋她的美貌，就把她抢去当了自己的妃子。丽姬起初不愿意，后来也就欣然接受了。那么，丽姬到底美不美呢？以常人的看法来判断，能被国君看上的姑娘，相信一定是非常美丽的。可是，就此问题，庄子却提出了截然不同的看法。他说：“……丽姬，人之所美也；鱼见之深入，鸟见之高飞，麋鹿见之决骤，四者孰知天下之正色哉？”

庄子的意思是：丽姬是人们公认的美丽的女子，可是鱼儿见了她就赶紧潜入水底；鸟儿见了她就赶快高高地飞向天空；麋鹿见了她也撒开四蹄，惊慌地跑掉了。人、鱼、鸟和麋鹿，这四者究竟谁才懂得天下真正的美呢？所以，庄子得出的结论是：丽姬不美。他还指出，人与鱼、鸟、麋鹿对美的认知是相对的。所以，人也就无法获得确定的正确的认识。

我们不能否认庄子“丽姬不美”的命题看到了事物的区别是相对的这一事实。世间万物都不能孤立地存在，丽姬在人的眼里当然是美丽的，但对于惧怕人的动物来说，就

故事人物

丽姬：庄子所说的“丽姬”，应该就是骊姬。她是春秋时期骊戎首领的女儿，晋献公的妃子。公元前672年，晋献公攻打骊戎，俘获了骊姬，封其为夫人。献公非常宠爱骊姬，但骊姬工于心计，为了让自己的儿子当上国君，使计离间献公与其他三子申生、重耳、夷吾的关系，制造了“骊姬倾晋”事件，后事迹败露被杀。

不一样了。因为这些小动物见到任何人都会被吓跑，它们根本不会欣赏丽姬的美，也就不会认为丽姬是美的。从这一点来看，庄子是比较讲究思维的灵活性的哲学家。

可是，庄子片面强调了事物区别的相对性，却否定了区别的确定性，这是一种相对主义的诡辩论的哲学观点。其实，我们认识事物，不仅要看到事物之间的联系，还要看到任何具体事物都有其自身特殊的质的规定性。就拿丽姬来说，在人的审美范畴内，她是美的。这种美，在人看来就具有确定性，不能用动物惧怕她而跑掉这一点来否认她的美。而庄子的观点则从根本上否认了人和动物存在区别的这种“确定性”，把人的“美”与动物惧怕人混为了一谈。这种观点的实质是一种不可知论，美与丑、是与非，都纷杂错乱，人们不可能知晓它们之间的分别。

哲学智慧

关于美与丑，即使单纯以人的眼光来看，也是仁者见仁、智者见智的事。尽管如此，我们还是常常会认同多数人的观点，即公认的美。其实，对事物的认知，无论是随同大众，还是标新立异，都要做到心中有数，明白是非曲直。胡乱发言，自己根本搞不清楚状况，那才是不可取的。

八、“谷堆论证”和“秃顶论证”

在公元前5～公元前4世纪，古希腊诡辩论者欧布里德等人提出了如下哲学论题：一粒谷子是否可以形成一堆谷子？少一根头发能否成为一个秃头？这就是西方古代哲学史上饶有趣味的“谷堆论证”和“秃顶论证”。

“谷堆论证”的具体内容是：一颗谷粒能不能形成一个谷堆呢？当然不能。那再加一颗

哲学人物

欧布里德：欧几里德的学生，以提出一系列诡辩论而著称于世。其中有7个著名的悖论：说谎者、伪装者、秃头者、有角的人、蒙面人、不认识自己的兄弟、谷堆悖论。

呢？还是不能。再加一颗，再加一颗……直到加上最后一颗才终于堆成了谷堆。那么，多少颗谷粒放在一起才算“谷堆”呢？假如断定300颗谷粒为一堆，那么299颗谷粒是不是一堆呢？也许是，也许不是。那298颗谷粒呢？所以得出结论：一颗又一颗谷粒不能形成谷堆。

同理，“秃顶论证”认为：掉一根头发不能成为一个秃顶，再掉一根也不能成为秃顶，那么如果每次掉一根，而掉的每一根又不能形成一个秃顶，就得出结论：不管掉多少根头发，都不会形成秃顶。

在2500年前那个生产力、科学技术和人类思维水平都很低的年代，有人能把“量变”和“质变”的矛盾及其相互转化的问题提出来，是很不简单的，这是哲学史上的一种进步。但很明显，这两个论证与事实是不相符的，只能称为一种诡辩。

为什么这么说呢？因为事物量的变化，到了一定程度，必然会引起质变。“一”虽然不多，但是无数个“一”的不断重复或积累，就会形成向多的转化，最终达成质的改变。显然，欧布里德的论点是割裂了量变和质变的辩证关系，他只看到谷粒增加了“一”颗或头发掉了“一”根，而没有看到一颗又一颗的谷粒不断增加，就形成了谷堆；也没有看到一根又一根头发的掉落，最后造成了秃顶。即使“一”是微不足道的，但无数个“一”的增加或减少也会让事物向相反的方向转化。

从矛盾角度分析，谷堆是由一粒一粒的谷子堆积而成的，是“一”这一矛盾方面向“多”的矛盾方面转化的必然结果；秃顶的形成是一根一根头发不断减少造成的，是“多”这一矛盾方面向“一”的矛盾方面转化的必然结果。它们都是矛盾双方在量变过程中的转化，是量变引起了另一矛盾方面在地位、作用和性质上的转变。量变必然形成质变，这是毋庸置疑的。

哲学智慧

世间万物的变化发展都是从量变开始的。“不积跬步，无以至千里”，说的就是如果不从一点一滴做起，就不能成就大事业。同理，“千里之堤，溃于蚁穴”，惊人的恶劣局面，都是由不起眼的小毛病造成的。所以，我们要培养良好的习惯，不断积累自身的知识和能量，以缔造未来的大成功。而对于任何不利于我们身心发展的事，我们都坚决不要去做。

九、“人不能两次走进同一条河流”

“人不能两次走进同一条河流”是古希腊唯物主义哲学家赫拉克利特的一句名言，列宁称他为“辩证法的奠基人之一”。这句名言的意思是说，河里的水是不断流动的，你这次踏进河，水流走了，你下次踏进河时，流来的是新河水。河水川流不息，所以，人不能两次踏进同一条河流。

显然，这句名言是有其特定意义的，而并不是单纯指这条河与那条河之间的区别。赫拉克利特主张“万物皆流，无物常住”，在他看来，宇宙万物没有什么是绝对静止和不会变化的，一切都在运动和变化。所以，从这一秒到下一秒，河已不再是原来那条河。

赫拉克利特的这一名言，说明了“客观事物是永恒地运动、变化和发展着的”这样一个真理。恩格斯曾评价说：“这个原始的、朴素的但实质上正确的世界观是古希腊哲学的世界观，而且是由赫拉克利特第一次明白地表述出来的：一切都存在，同时又不存在，因为一切都在流动，都在不断地变化，不断地产生和消失。”

赫拉克利特还认为，事物都是相互转化的。冷变热，热变冷，湿变干，干变湿。他还明确断言：“我们走下而又没有走下同一条河流。我们存在而又不存在。”他的这些著名论点，都显示出他敢从自发的辩证法出发，看到了任何事物都是辩证发展的。

随着科学的发展，赫拉克利特的朴素的辩证法观点已被证明是正确的。自然科学的发展又提供了说明细节的基础，从而也就产生了唯

哲学人物

赫拉克利特：古希腊哲学家。他出生在爱菲斯城邦的王族家庭里，但他放弃本该继承的王位而隐居起来，专心研究哲学问题。他的哲学思想主要有永恒的活火、万物皆流、逻各斯说等。变化的思想在他的哲学中占有重要的地位，所以后人称他的哲学为“变的哲学”。

物辩证法。“一切皆动、皆变”已被证明是自然、社会以及人类思维的普遍规律。例如，科学已证明，一年四季的更替变化，白天晚上的循环不已，是由地球和月亮相互作用而引起的；地球上海水潮涨潮落的变化，也被牛顿用万有引力定律证明是由月球的引力决定的；社会的变化发展亦被证明是由基本矛盾的运动所决定的；生物的代代相传，也被生物科学证明是由生物的遗传基因所决定的。总之，科学的发展已经证明并不断证明，客观世界的一切都是处在运动、变化、发展的状态之中的，静止也是有条件的、暂时的、相对的静止。

总之，“一切皆变”是事物的根本属性，这是建立在实证科学基础上的唯物辩证法的基本观点。

哲学智慧

不论人还是事物，都处在潜移默化的变化之中。也许你不曾察觉，但它确实在悄悄地改变。所以，我们要用变化的眼光来看待正在变化的环境、事物以及自身。当环境变了，我们就要随时调整自己生活、学习的节奏或方式，以适应这种改变。不可拘泥于过往，作茧自缚。

十、飞矢不动

《庄子 · 天下篇》中曾提到辩论家惠施的一句话：“飞鸟之景，未尝动也。”意思是说，天空中飞鸟的影子实际上是不动的。而早在古希腊时期，芝诺也曾提出过类似的命题——“飞矢不动”，即飞着的箭实际上是不动的。

芝诺问他的学生："一支射出去的箭是动的还是不动的？"

学生回答："当然是动的。"

芝诺："确实如此。在每个人眼里，它都是动的。可是，这支箭在每一个瞬间里都有它的位置吗？"

学生："有的，老师。"

芝诺："在这一瞬间里，它占据的位置和它的体积一样吗？"

学生："当然是一样的，老师。"

芝诺："那么在这一瞬间里，这支箭是动的还是不动的？"

学生："是不动的，老师。"

芝诺："这一瞬间是不动的，那在其他瞬间呢？"

学生："也是不动的，老师。"

芝诺："所以说，射出去的箭是不动的。"

芝诺"飞矢不动"的结论与惠施的"飞鸟之景，未尝动也"具有异曲同工之妙，二人用不同的表述说明了同一个意思——运动着的物体实际上是静止不动的。这种观点乍看起来很荒唐，但它却涉及哲学上的一个重大问题：运动和静止的关系。

飞矢，也就是射出的正在飞的箭，它在一定时间内会经过空间上的许多点。如果把时间也划分成许多瞬间，那么就可以设想，飞着的箭在某一瞬间必定处在空间的某一点上。换句话说，在空间的这一点上，它是不动的，是静止的。既然飞着的箭在路径的每一点上都是静止的，那么芝诺便得出他的结论：飞着的箭实际上并没有运动。

芝诺的命题显然是一个悖论，它以时间的可分为出发点，但是却否定了时间的连续性。当把每一个瞬间连接起来，飞矢自然就是动的了。但是，"飞矢不动"和"飞鸟不动"仍具有极高的哲学意义，因为它们阐明了事物具有"动中有静"的变动关系。运动和静止不是对立的，而是相互依存、相互转化的。一个运

哲学人物

惠施：战国时期宋国人，政治家、哲学家、辩客，和公孙龙同为诡辩学派的代表人物。惠施与庄子是好友，他的哲学思想也多在庄子的著作中有所体现，他主张广泛地分析世界上的事物，从中总结出世界的规律。但他也常常夸大事物的相对面，否认具体事物的稳定性。

动的物体换一个参照物或者空间来看，就有可能变成静止的；同理，一个静止的物体换一个参照物或空间来看，就有可能变成运动的。这就是“动中有静，静中有动”。

哲学智慧

任何看似对立的矛盾双方都是可以相互转化的，除了运动与静止，还有多与少、长与短、好与坏……所以，我们需要学会用更全面的眼光看问题。不只聚焦于一点，而是把目光放至全局，甚至跳出圈外，这样，我们才能更清楚地看清事物的本质。

第二节 著名的“哲学效应”

在学习哲学的过程中，我们会读到很多有关哲学的小故事，其中有很多被列入“哲学效应”范畴。本节特别精选了其中的几个“哲学效应”故事，希望能为你的成长和未来发展提供一些有益的启示。

一、马太效应

《新约·马太福音》中有这样一个故事：一个国王远行前，交给三个仆人每人一锭银子，吩咐他们：“你们去做生意，等我回来时，再来见我。”国王回来时，第一个仆人说：“主人，你交给我的一锭银子，我已赚了10锭。”于是国王奖励了他10座城邑。第二个仆人报告说：“主人，你给我的一锭银子，我已赚了5锭。”于是国王例奖励了他5座城邑。第三个仆人报告说：“主人，你给我的一锭银子，我一直包在手巾里存着，我怕丢失，一直没有拿出来。请看，原银在这里。”国王见了，什么也没奖励他，还命令将第三个仆人的一锭银子也赏给第一个仆人，并且说：“凡是少的，就连他所有的也要夺过来。凡是多的，还要给他，让他多多益善。”

这就是马太效应，是指好的愈好，坏的愈坏，多的愈多，少的愈少的一种现象。1968年，美国的罗伯特·莫顿首次提出“马太效应”这个术语，并用此概括一种社会心理现象。他说：“相对于那些不知名的研究者，声名显赫的科学家通常能得

到更多的声望，即使他们取得的成就是相似的。同样，在同一个项目上，声誉通常会给予那些已经出名的研究者。”后来，罗伯特·莫顿又将“马太效应”归纳为：任何个体、群体或者地区，在金钱、名誉或者地位等某个方面获得成功和进步，就会产生一种积累优势，进而就会有更多的机会取得更大的进步和成功。

哲学人物

罗伯特·莫顿：哥伦比亚大学教授，美国著名社会学家。莫顿毕生在哥伦比亚大学执教，1994年，他建立了科学社会学，并为此作出了贡献，因而获得美国国家科学奖章。除了提出马太效应之外，莫顿还在犯罪学上提出了著名的紧张理论。

如今，马太效应广泛应用于社会心理学、教育、金融以及科学等众多领域。看看我们周围，就可以发现许多马太效应的例子。比如，朋友多的人会借助频繁的交往得到更多的朋友，而缺少朋友的人则会一直孤独下去。金钱方面更是如此，即使投资回报率相同，一个比别人投资多10倍的人，收益也多10倍。赢家往往能够通吃，善用马太效应，赢家就是你。

对企业经营发展而言，马太效应告诉我们，要想在某一个领域保持优势，就必须在此领域迅速做大。当你成为某个领域的领头羊的时候，你就能更轻易地获得比弱小的同行更大的收益。假如你在某个领域实力不够，不能迅速做大，就要不停地寻找新的发展领域，才能保证获得较好的回报。

马太效应揭示了一个不断增长个人和企业资源的需求原理，是影响企业发展和个人成功的一个重要法则。

哲学效应解读

强者愈强，弱者愈弱，这就是马太效应说明的道理。我们每个人都能成为强者，只要不怨天尤人，不自暴自弃，以积极主动的态度去努力争取，我们就能获得一定的成功。成功能进一步增强我们的自信心，促使我们在前进的道路上走得更远。

二、手表定理

森林里住着一群猴子，它们每天在太阳升起的时候外出觅食，太阳落山的时候就回林休息，日子过得很平淡。有一天，一名游客到森林里游玩，不慎把手表落在一块岩石上。猴子“猛可”捡到了这块手表，并很快搞清楚了手表的用途。于是，“猛可”成了整个猴群的明星，其他猴子都来向它请教确切的时间，整个猴群的作息时间也由“猛可”来规划。渐渐地，“猛可”在猴群中树立起了威望，并当上了猴王。

“猛可”非常高兴，认为是手表给自己带来了好运。从此以后，它每天在森林里巡查，希望能捡到更多的手表。很快，“猛可”又拥有了第二块、第三块手表。但同时，“猛可”却有了新的麻烦：因为每块手表显示的时间不一样，各有偏差，他不知道哪一个显示的才是确切的时间。当有下属来问时间时，“猛可”支支吾吾回答不上来，整个猴群的作息时间也因此变得混乱。过了一段时间，猴子们越来越不满，便把“猛可”推下了猴王的宝座，“猛可”的收藏品也被新任猴王据为己有。但很快，新任猴王同样面临着“猛可”的困惑。

这就是著名的“手表定律”：只有一块手表，可以知道时间；拥有两块或更多的手表，却无法确定几点。因此，更多手表并不能告诉人们更准确的时间，反而会让看表的人失去掌握准确时间的信心。你要做的就是选择其中较信赖的一块，尽力校准它，并以此作为你的时间标准，听从它的指引行事。

尼采曾说：“兄弟，如果你是幸运的，你只需有一种道德而不要贪多，这样，你过桥更容易些。”然而，困扰很多人的是：他们被“两块表”弄得六神无主，身心交瘁，不知道自己该相信哪一个。还有的人在环境和他人的压力下，违心地选择了自己并不喜欢的道路，为此郁郁终生。即使他们取得了受人瞩目的成就，也体会不到成功的快乐。

哲学人物

尼采：德国著名哲学家，西方现代哲学的开创者，卓越的诗人和散文家。尼采一生著作颇丰，主要有《悲剧的诞生》《不合时宜的考察》《查拉苏图拉如是说》《希腊悲剧时代的哲学》等。在哲学上，尼采提出建立新的哲学、超人哲学等，他的哲学观最重要的一点是哲学的使命就是要关注人生。

手表定理在企业经营管理方面给人们一种非常直观的启发，就是对同一个人或同一个组织的管理不能同时采用两种或多种不同的方法，不能同时设置两个或多个不同的目标，甚至不能由两个人来同时指挥，否则将使这个人或这个企业无所适从。

在价值取向上，手表定理也告诉人们：不能同时挑选两种不同的价值观，否则，你的行为将陷于混乱。

哲学对应解读

多块手表会让人无法确认准确的时间，同样，多个目标也会让人失去方向。在人生道路上，我们要选择一个适合自己的目标，坚持走下去，而不能同时选择几个目标，让自己无所适从。更重要的是，我们还要学会独立自主，听从自己的心愿，做自己想做的事。

三、不值得定律

不值得定律最直观的表述是：不值得做的事情，就不值得做好。这个定律似乎再简单不过了，但是它的重要性却时时被人们忽略。不值得定律反映出人们的一种心理，即如果一个人从事的是一件自认为不值得做的事情，往往就会保持冷嘲热讽、敷衍了事的态度。用这样的态度做事情，不仅成功率小，而且即使成功，也不会觉得自己有多大的成就感。

沃伦·本尼斯说：“最聪明的人是那些对无足轻重的事情无动于衷的人，但他们对较重要的事物却总是很敏感。

哲学人物

沃伦·本尼斯：麻省理工学院博士，美国当代杰出的组织理论和领导理论大师。他曾为四任美国总统做过顾问，两度被《华尔街日报》评为“管理学十大发言人”，也曾两次因论述管理问题而获得麦锡肯奖。本尼斯40年间共撰写和编辑了26本专著、1500多篇文章，其中以《领导者：掌管的五大战略》最负盛名。

那些太专注于小事的人通常会变得对大事无能。”在生活中，总是平白无故浪费精力，为一些无关紧要的事自寻烦恼的人很多。他们忘了什么是不值得做的事，也忘了不值得做的事一定不能做的道理。

那么，哪些事值得做呢？一般而言，这取决于三个因素：

1.价值观。不同的价值观决定了每个人看事情的角度不同。只有符合我们价值观的事，我们才会满怀热情地去做。

2.个性和气质。如果一个人从事了一份与他的个性气质完全背离的工作，他是很难做好的。例如，一个好交往的人成了档案员，或一个害羞者不得不每天和不同的人打交道。

3.现实的处境。同样一份工作，在不同的处境下去做，给我们的感受也是不同的。例如，在一家大公司，如果你最初做的是打杂跑腿的工作，你很可能认为这是不值得的，可是，一旦你被提升为领班或部门经理，你就不会这样认为了。

总结一下，值得做的工作就是：符合我们的价值观，适合我们的个性与气质，并能让我们看到期望。如果你的工作不具备这三个因素，你就要考虑换一个更合适的工作，并努力做好它。

因此，对个人来说，应在多种可供选择的奋斗目标及价值观中挑选一种，然后为之而奋斗。“选择你所爱的，爱你所选择的”，才能激发我们的奋斗毅力，也才可以让自己心安理得。而对一个企业或组织来说，则要很好地分析员工的性格特性，合理分配工作，如让成就欲较强的员工单独或牵头来完成某项具有一定风险和难度的工作，并在其完成时给予及时的肯定和赞扬；让依赖性较强的员工更多地参加到某个团体中共同工作；让权力欲较强的员工担任一个与之能力相适应的主管。同时，作为领导者，还要加强员工对企业目标的认同感，让员工感觉到自己所做的工作是值得的，这样才能激发员工的热情。

哲学对应解读

人的时间和精力都是有限的，所以我们要把它们用在重要的事情上，而不要在无关紧要的事情上浪费生命。很多时候，做一件正确的事情，比正确地做十件事情更重要。当然，事情重不重要，不能完全以个人的好恶来评判。我们应该树立正确的价值观，并以此来指导自己的行为。当我们确定一件事情值得去做时，就应付出百分之分的努力把它做好。

四、彼得原理

在1960年的一次研习会上，美国学者劳伦斯·J·彼得首次公开发表了他的“彼得原理”。这个原理是彼得通过对千百个组织中不胜任的失败实例进行分析、归纳而来的。其具体内容为：“在一个等级制度中，每个职工趋向于上升到他所不能胜任的地位。”彼得指出，某位职工由于在原有职位上工作成绩良好，就被定为升为上一级领导的人选；其后，如果他升职后继续胜任新的职位，则将进一步获得提升，直至到达他所不能胜任的职位。由此导出的彼得推论是：“每一个职位最终都将被一个不能胜任其工作的职工所占据。层级组织的工作任务多半是由尚未达到不胜任阶层的员工完成的。”

彼得原理有时也被称为“向上爬”原理。这种现象在现实生活中无处不在：一名称职的教授被提升为大学校长后无法胜任；一个优秀的运动员被提升为主管体育的官员后无所作为；一个手艺高超的杰出技师被提升为部门经理后被工作搞得焦头烂额……

对一个组织而言，一旦组织中的相当部分人员被推到了其不能胜任的位置，就会造成组织内部人浮于事，效率低下，导致平庸者出人头地，发

哲学人物

劳伦斯·J·彼得：美国著名的管理学家，现代层级组织学的奠基人。劳伦斯生于加拿大，1957年获得美国华盛顿州立大学学士学位，后又获得该校教育哲学博士学位。他经验丰富，著述颇丰，《梯子定律》一书凝聚了他的思想，一问世便受到全球的追捧。

展停滞。因此，这就要求改变单纯的“根据贡献决定晋升”的企业员工晋升机制，不能因某个人在某一个岗位级别上干得很出色，就推断此人一定能够胜任更高一级的职务。要建立科学、合理的人员选聘机制，客观地评价每一位职工的能力和水平，将职工安排到其可以胜任的岗位。不要把岗位晋升当成对职工的主要奖励方式，而应建立更有效的奖励机制，更多地以加薪、休假等方式作为奖励手段。有时将一名职工晋升到一个无法很好地发挥其才能的岗位，不仅不是对职工的奖励，反而使职工无法很好地发挥才能，也会给企业带来损失。

对个人而言，虽然我们每个人都期待着不停地升职，但不要将“往上爬”作为自己的唯一动力。与其在一个无法完全胜任的岗位勉强支撑、无所适从，还不如找一个自己能游刃有余的岗位好好发挥自己的专长。

哲学效应解读

人人都想获得更高的职位，享受高位带来的光环，但在现实生活中，并非爬得越高就越好。高职位意味着要具有掌控全局的能力，也需承担更多的责任。如果能力不足，勉为其难，那只会让自己受罪，甚至会给团体带来损失。所以，我们要认清自己的能力，做自己最擅长的事。

五、零和游戏原理

当你看到两位对弈者时，你就可以说他们正在玩“零和游戏”。因为在大多数情况下，总会有一个赢，一个输，如果我们把获胜计算为得1分，把输棋计算为-1分，那么，这两个人的得分之和就是：1+（-1）=0。这正是“零和游戏”的基本内容：参与游戏者有输有赢，一方所赢正是另一方所输，游戏的总成绩永远是零。

“零和游戏”源于博弈论，也称“零和博

哲学人物

冯·诺伊曼：美籍匈牙利人，数学家、计算机学家、物理学家、经济学家和发明家。冯·诺伊曼出生于匈牙利的布达佩斯，年少时被誉为“神童”。他是现代电子计算机之父，他创制的计算机工作原理至今仍被人类使用着。1928年，他证明了博弈论的基本原理，从此宣告了现代博弈论的诞生。

弈”。匈牙利大数学家冯·诺伊曼于20世纪20年代开始创立现代博弈论，“零和博弈”属于现代博弈论的基本概念，与“非零和博弈”相对。“零和博弈”属于竞争型博弈，早在2000多年前，这类游戏就广泛存在于有赢家必有输家的各种竞争与对抗中。

到了近现代，人们发现在社会的方方面面都普遍存在与“零和游戏”类似的局面，所以“零和游戏”原理也广受关注。胜利者的光荣后面往往隐藏着失败者的辛酸和苦涩。从个人到国家，从政治到经济，似乎无不验证了世界正是一个巨大的“零和游戏”场。这种理论认为，世界是一个封闭的系统，其财富、资源、机遇都是有限的，个别人、个别地区和个别国家财富的增加必然意味着对其他人、其他地区和其他国家的掠夺，这是一个“邪恶进化论”式的弱肉强食的世界。

但在20世纪，人类经历了两次世界大战，之后经济的高速增长、科技的飞速进步、全球化程度越来越高，以及环境污染日益严重，这让人们开始认识到“利己”不一定要建立在“损人”的基础上。通过有效合作，皆大欢喜的结局是可能出现的。于是，“零和游戏”观念正逐渐被“双赢”观念所取代。但从“零和游戏”走向“双赢”，要求各方要有真诚合作的精神和勇气，在合作中不要耍小聪明，不要总想占别人的小便宜，要遵守游戏规则，否则，“双赢”的局面就不可能出现，最终吃亏的还是自己。

哲学效应解读

有时，竞争不一定要分高下、定输赢，通过精诚合作、相互坦诚的帮助能让我们更顺利地解决难题，更快速地获取更大的成果。所以，我们要有容人之心、宽人之量，更要有与同伴相互帮助的真诚。即便一定要争，也要光明正大地去争取，而绝不能做损人利己、不择手段的事。

六、华盛顿合作规律

华盛顿合作规律说的是：一个人敷衍了事，两个人互相推诿，三个人则永无成事之日。这多少有点类似于我们经常听到的“三个和尚”的故事。人与人的合作不是人力的简单相加，而要复杂和微妙得多。在人与人的合作中，假定每个人的能力都为1，那么10个人的合作结果，有时会比10大得多，有时甚至比1还要小。因为人不是静止的动物，而更像方向各异的能量，相互推动时自然事半功倍，相互抵触时则一事无成。

哲学人物

约翰·巴利：纽约大学副教授，社会心理学家。他和拉塔内都曾为心理学家斯坦利·沙切特的学生。

毕博·拉塔内：哥伦比亚大学讲师，社会心理学家。在纽约克尤公园谋杀案发生后，他和巴利一起进行了试验，论证了“旁观者效应”。

1964年，在美国纽约市发生了一起谋杀案。案发时间为凌晨3点，在案犯长达半小时的作案过程中，受害者不停地奔跑呼救，有38户居民看到或听到了这一情况，但没有一个人出来制止或拨打报警电话。事后，多家媒体谴责了纽约人的冷漠。然而，两位年轻的心理学家约翰·巴利和毕博·拉塔内对旁观者们的冷漠给出了更好的解释。他们进行了一项试验，试验邀请了72名不明真相的参与者，另外安排一人假扮成癫痫病患者。试验过程中，他们让参与者以一对一或四对一两种方式与“癫痫病患者”使用对讲机远距离通话。结果表明，当假病人大声呼救时，一对一通话的那组有85%的人冲出去报告有人发病；而四个人都听到呼救声的那组，只有31%的人采取了行动。

通过这项试验，两位心理学家解释了为什么那么多旁观者都没有出手相救的真实原因。在出现紧急情况时，正是因为有其他目击者在场，旁观者可能更多的是在看其他旁观者的反应，结果使得每一位旁观者都无动于衷。这就是“旁观者效应”。

华盛顿合作规律产生的最主要原因在于“旁观者效应”，众多的旁观者分散了每个人应负的责任，所以到最后谁都不负责任，于是导致合作不成功。

在传统的管理理论中，对合作研究得并不多，最直观的反映就是，目前的大多数管理制度和行业都是致力于减少人力的无谓消耗，而非利用组织提高人的效能。换言之，不妨说管理的主要目的不是让每个人做到最好，而是避免内耗过多。21世纪将是一个合作的时代，值得庆幸的是，越来越多的人已经认识到真诚合作的重要性，并且正在努力学习合作。

正如邦尼人力定律告诉我们的：一个人一分钟可以挖一个洞，六十个人一秒种却挖不了一个洞。合作是一个问题，如何合作也是一个问题。

哲学对应解读

在一个团体内部，如果责任不清，就会产生互相推诿的情况，所以，一定要明确责任，把具体的工作落实到每个人头上，这样才能达成有效合作，共同完成任务。作为领导者，也要采取一定的奖励机制和惩罚机制，以此来促使各成员卖力工作。另外，如果各成员的目的不同、研究方向不同，最好不要安排在一起工作，否则更容易出现相互掣肘的情况。

七、酒与污水定律

酒与污水定律是指，如果把一匙酒倒进一桶污水中，你得到的是一桶污水；如果把一匙污水倒进一桶酒中，你得到的还是一桶污水。很明显，酒与污水的比例大小并不能决定这桶东西的性质，真正起决定作用的是那一匙污水，只要有它，再多的酒都成了污水。这条定律说明，对于已经变坏的组员或东西，要在其开始起破坏作用之前就及时处理掉。

这条管理定律来自于西方，其实在我们中国也有类似的谚语："一块臭肉坏了满锅汤""一粒老鼠屎坏了一锅粥""一条臭鱼坏了一锅汤"等。无论是来自西方的定律还是我们中国的谚语，其实都对那些负能量的始作俑者作了准确的定性：污水、臭肉、老鼠屎或者臭鱼。它们已经没有改变和改造的可能，只有将其剔除。

几乎在任何组织里，都存在几个特殊的人物，他们存在的目的似乎就是为了把事情搞糟。他们到处搬弄是非、传播流言，破坏组织内部的和谐。最糟糕的是，他们像果箱里的烂苹果，如果不及时处理，就会迅速传染，把果箱里的其他苹果也弄烂，烂苹果的可怕之处在于它那惊人的破坏力。一个正直能干的人进入一个混乱的部门可能会被吞没，而一个无德无才者能很快将一个高效的部门变成一盘散沙。组织系统往往是脆弱的，是建立在相互理解、妥协和容忍的基础上的，它很容易被侵害、被毒化。

破坏者能力非凡的另一个重要原因在于，破坏总比建设容易。一个能工巧匠花费时日精心制作的陶瓷器，一头驴子一秒钟就能把它毁掉。在这种情况下，即使拥有再多的能工巧匠，也不会有多少像样的工作成果。如果你的组织里有这样的一头“驴子”，你应该马上把它清除掉；如果你无力这样做，你就应该把它拴起来。

在现代企业管理中，有一项根本性的任务就是对团体中的人才加以指引和筛选，剔除其中具有破坏力的“污水”，使合格者团结一心，共同为企业的发展努力，这就是人才的运作。

哲学效应解读

近朱者赤，近墨者黑。我们每个人要保持自身的高洁和优秀，就要主动向优秀的人靠拢、学习，远离那些品行不端、专搞破坏的人。不与“墨者”同流，就不会被“污染”。

八、水桶定律

一个水桶无论有多高，它盛水的高度取决于其中最低的那块木板。这就是“水桶定律”，也称“短板理论”。水桶定律是由美国管理学家彼得·德鲁克提出来的，其核心内容为：一只水桶盛水的多少，并不取决于桶壁上最高的那块木块，而恰恰取决于最短的那块。根据这一内容，水桶定律还可以得出两个推

哲学人物

彼得·德鲁克：美国管理学家，现代管理学的开创者。他一生编写了30余部有关现代管理的著作，被誉为“现代管理学之父”。德鲁克出生于奥地利，在纽约大学担任了20多年的管理学教授，其代表作有《公司概论》《管理实践》《管理：任务，责任，实践》《创新与企业家精神》等。

论：第一，只有桶壁上的所有木板都足够高，这个水桶才能盛满水。第二，只要这个水桶里有一块木板的高度不够，水桶里的水就不可能是满的。

彼得·德鲁克提出的“水桶定律”与“酒与污水定律”不同，后者讨论的是组织中的破坏力量，而“最短的木板”却是组织中有用的一个部分，只不过比其他部分差一些，你不能把它们当成烂苹果扔掉。强弱只是相对而言的，无法消除，问题在于你能容忍这种弱点到什么程度。

一个企业要想成为一个结实耐用的木桶，首先就是要想办法提高所有板子的长度。只有让所有的板子都维持“足够”的高度，才能充分体现团队精神，完全发挥团队的作用。企业内的每个员工都相当于一块木板，要想提高每一个员工的竞争力，最好的办法就是对员工进行教育和培训。员工培训实质上就是通过培训来增大企业这个“木桶”的容量，增强企业的总体实力。

除了培训，还要注重对“短板”员工的开发。人力资源管理不能局限于个体的能力和水平，而更应把所有的人融合在团队里，科学配置，只有这样，才能够将好钢用在刀刃上。木板的高低与否有时候不是个人问题，而是组织的问题。位置安排好了，“短板”有时候也会变成“长板”。总之，作为一个企业，要时刻洞察自己的“短板”，明白自己的薄弱所在，并想办法加高、加固它。当然，不论实力多么雄厚的企业，要想完全克服最薄弱的环节也是不可能的，一根链条总有最弱的环节，强弱本来就是相对而言的。如果它再怎么修补，仍是阻碍企业发展的瓶颈，那就要想办法替换它了。

另外，对于组织中或企业中的任何一个单独成员而言，都要尽量确保自己不是最短的那块“木板”，并且要尽量避免“短板”对自己工作的影响。如果很不幸，你正处于企业内部的最薄弱环节上，你可以积极采取办法，改进自己所处的地位。如果实在无力达到，那就只好转职去谋另一份工作了。

哲学效应解读

如果把木桶比作人生，那么“短板”就是我们生命中的一些弱点，比如，一些不良习惯和毛病。那些不起眼的小毛病往往会制约个人才能的发挥，进而影响人一生的成功。所以，我们不能放任自己的缺点，而是要尽量克服缺点，最大限度地发挥自己的价值，去创造更辉煌的人生。

九、蘑菇管理

初入职场的人，多数会做一些别人不愿意做的跑腿工作，有时还会无故受到指责，无人关心和指导。管理学家将这样的境遇称为“蘑菇管理”。

蘑菇管理是许多组织对待初出茅庐者的一种管理方法，初学者被置于不受重视的部门，做些打杂跑腿的工作，有时还会无端受到批评、指责或代人受过，犹如头上被浇了一勺大粪。这些组织任其自生自灭，不给他们提供必要的指导和提携。这种境遇跟蘑菇的生长很相像。蘑菇需要生长在阴暗的角落，不能被阳光直接照射，同时还需要大粪提供必要的养分。所以，在20世纪70年代，一批年轻的电脑程序员突发奇想，形象地把他们自己比喻成蘑菇。因为当时许多人都不理解他们的工作，对他们持怀疑和轻视的态度，他们便自嘲像蘑菇一样生活着。从此，“蘑菇管理”一词被应用于现代管理学中。

相信很多人都有这样一段“蘑菇”的经历，但这不一定是什么坏事。尤其是当一切都刚刚开始的时候，当上几天“蘑菇”，能够消除我们很多不切实际的幻想，让我们更加接近现实，看问题也更加实际。惠普公司前CEO卡莉·费奥丽娜的故事就是一个很好的例子。

相关人物

卡莉·费奥丽娜：曾为惠普公司CEO，被尊称为“世界第一女CEO”。费奥丽娜从斯坦福大学毕业后，做的第一份工作是在一家地产经纪公司当接线员。每天只是接电话、打字、复印、整理文件，但她毫无怨言，在简单的工作中积极学习，后来得到一个撰写文稿的机会，从此改变了她的职场人生。

就一个组织而言，一般对新进的人员都是一视同仁，从起薪到工作都不会有大的差别。无论你是多么优秀的人才，在刚开始的时候，都只能从最简单的事情做起。“蘑菇”的经历对于成长中的年轻人来说，就像蚕茧，是羽化前必须经历的一步。所以，如何高效率地走过生命中的这一段，从中尽可能吸取经验，成熟起来，并树立良好的、值得信赖的个人形象，是每个刚踏入社会的年轻人必须面对的课题。

哲学效应解读

吃得苦中苦，方为人上人。初到一个新环境，多做一些基础性工作，不但能磨炼心性，还能帮我们打好基础。当然，在“蘑菇”期间，也要对自己准确定位，找到属于自己的道路，让自己尽快成长起来，这样才能在众人中脱颖而出。如果做“蘑菇”的时间太长，则容易被人遗忘和忽视。

中　篇

逻辑思辨——叩开智慧之门

每个人都是最优秀的

古希腊大哲学家苏格拉底在风烛残年之际，知道自己时日不多了，就想考验和点化一下他那位平时看来很不错的助手。他把助手叫到床前，说："我的蜡所剩不多了，得找另一根蜡接着点下去，你能明白我的意思吗？"

"明白，"那位助手赶忙说，"您的思想光辉是要很好地传承下去……"

"可是，"苏格拉底慢悠悠地说，"我需要一位最优秀的传承者，他不但要有相当的智慧，还必须有充足的信心和非凡的勇气……你能帮我寻找一位吗？"

"我一定竭尽全力。"

苏格拉底笑了笑。

那位忠诚而勤奋的助手，不辞辛劳地通过各种渠道开始四处寻找。他领来一位又一位优秀者来到苏格拉底面前，但都被苏格拉底一一婉言谢绝了。一次，当那位助手再次无功而返时，病入膏肓的苏格拉底硬撑着坐起来，说："真是辛苦你了，不过，你找来的那些人，其实都不如……"

"我一定加倍努力，"助手恳切地说，"就算找遍五湖四海，我也要把最优秀的人选挖掘出来。"苏格拉底笑笑，不再说话。

半年之后，苏格拉底眼看就要告别人世，可最优秀的人选还是没有眉目。助手非常惭愧地对苏格拉底说：

“真对不起，我令您失望了！”

“失望的是我，对不起的却是你自己，”苏格拉底很失意地闭上眼睛，停顿了许久，才又不无哀怨地说，“本来，最优秀的人就是你自己，只是你不敢相信自己，才把自己给忽略、给丢失了……其实，每个人都是最优秀的，差别就在于如何认识自己、如何发掘和重用自己……”一代哲人就这样永远地离开了他曾经深切关注着的世界。

那位助手非常后悔，甚至自责了整个后半生。

为了不重蹈那位助手的覆辙，每个向往成功、不甘沉沦者，都应该牢记先哲的这句至理名言：“最优秀的人就是你自己！”

处于人生最低谷时，有个好处，就是无论从哪个方向努力，都是向上。

第一节
指点江山数千年
——辩论技艺

你喜欢辩论吗？你是否参加过辩论赛？本节将介绍几种辩论的方法技巧，如激将法、针锋相对法、顺水推舟法、模糊应对法、声东击西法、因果论证法、两难推理法等，相信对提高你的思辨能力和辩论技巧会有所帮助。

一、辩论的概念

什么是辩论呢？辩，就是辩解、辩驳、辨析；论，就是议论、论述。所谓辩论，就是双方站在相互对立的立场上，用一定的理由来说明自己对事物或问题的见解，揭露对方的矛盾，以求明辨是非、分清曲直的一种口语交际活动。“论”与“辩”相比较，“论”强调的是从正面立论，证明己方观点的正确；而“辩”强调的则是从反面来批驳对方观点的错误性。在辩论过程中，“辩”是中心，而“论”是为“辩”服务的。如果没有针锋相对的“辩”的过程，辩论也就失去了其存在的价值与意义。

二、辩论的技巧

在辩论的过程中，我们经常会运用到一些辩论技巧，归纳起来主要有以下几种：

1.激将法：是指通过一定的言行刺激对方，激发对方的某种情感，引起对方的情绪波动、心态变化，并且这种波动和变化都是朝着自己一方所期望的目标和方向发展的一种心理战术。

《三国演义》中讲，赤壁之战前，诸葛亮曾以曹操之子曹植《铜雀台赋》中的“立双台于左右兮，有玉龙与金凤。揽二乔于东南兮，乐朝夕之与共”来激将周瑜，以达到“联吴抗曹”之目的。诸葛亮解释这两句诗时说：曹诗的意思是，他若扫平四海，以成帝业，愿得江东二乔，置于铜雀台，以乐晚年，虽死无恨矣。周瑜听罢大怒，站起来指着北方大骂道：“老贼欺人太甚！”诸葛亮连忙劝阻说：“当年汉朝皇帝曾以公主和亲，今天为了退敌，这民间的两个女子有什么可惜的呢？”周瑜道：“先生有所不知，大乔是孙伯符（即孙策，孙权之兄，其时已死）之妇，小乔乃周瑜之妻。”诸葛亮佯装惶恐道：“我确实是不知此事，失口乱说，死罪死罪！”周瑜道：“我与老贼誓不两立，希望先生助我一臂之力。”于是，二人遂定下联合抗击曹军的大计。

故事人物

周瑜：字公瑾，庐江舒县人。周瑜壮有姿貌，精通音律，江东有“曲有误，周郎顾”之语。自21岁起，周瑜便随孙策奔赴战场，平定江东。后孙权掌权后，周瑜以中护军的身份与长史张昭共掌众事。公元208年，周瑜率江东孙氏集团军队与刘备军队联合，赤壁之战大败曹军，由此奠定了三分天下的基础。

【点评】激将法，也就是古代兵书上所说的“激气”“励气”之法。诸葛亮深知，在东吴军事上，周瑜的意见举足轻重，所以如果能说服周瑜，那么联合东吴抗击曹操的目的便达到了。同时，诸葛亮也深知，周瑜这个人有一点心胸狭隘。我们常常说“朋友妻不可戏”，曹操竟然公开要抢夺周瑜的老婆小乔，周瑜怎么能不生气呢？“是可忍，孰不可忍”，有了诸葛亮言语上的刺激，周瑜便非主张发兵不可了。

知识链接

历史上的赤壁之战

公元208年，曹操挥师南下，进逼江东，迫使刘备集团与东吴政权联合抗曹。周瑜率领3万东吴军在赤壁（今湖北省赤壁市西北部）与曹军相遇。曹军长途跋涉，又不习水战，周瑜遂与老将黄盖定下火攻的策略。之后，周瑜杖打黄盖，黄盖诈降曹操。曹操中计，被黄盖带来的船舰火烧连营，其战船全部被烧毁。经赤壁一战，曹军大败，多年不敢南下，曹、孙、刘三分天下的局势由此确定。

2.针锋相对法：是指针对论辩对方的辩论辩术，组织强有力的反攻，面对面地直接地加以辩驳。

故事人物

季米特洛夫：保加利亚共产党领袖，国际共产主义的杰出活动家。1902年，季米特洛夫便加入保加利亚社会民主工党。1935～1943年，他是共产国际的领导人。在领导共产国际期间，他大力改进了共产国际的领导工作，精简了执委会的机构，并加强了共产国际与各国党中央的联系，为世界和平作出了贡献。

1933年，德国发生了举世震惊的“国会纵火案”。希特勒政府一口咬定这是共产党发动武装起义的信号，是共产党干的。于是，希特勒大肆逮捕共产党员和进步人士，其中包括在柏林的国际工人运动杰出的活动家季米特洛夫，并在莱比锡组织了历时三个月的公开审讯。季米特格夫在法庭上以无可辩驳的事实驳倒了形形色色的伪证，揭穿了“国会纵火案”的实质。

实际情形是，在现场纵火被捕的纵火犯卢贝并非共产党员，而是一个出卖灵魂的家伙。“国会纵火案”是法西斯党徒的一个预谋。在法庭上，季米特洛夫的辩词十分精彩：“卢贝是什么东西？一个共产党员？绝对不是！一个无政府主义者？不是！他是一个不齿于本阶级的人，一个为非作歹的流氓无产者。他是一个被滥用的畜生，人们利用他来反对工人阶级……世界上没有一个共产党员，或者无政府主义者，在法庭上的作为会像卢贝那个样子。真正的无政府主义者常常做些无聊的事，但是当他们被拖到法庭时，他们终究会勇敢地站起来，说明他们的目的。倘若一个共产党员做了这样的事，明知四个无辜者与他在被告席上并肩而立，他是不会默默无言的。卢贝不是共产党员，也不是无政府主义者，他是被法西斯滥用的工具。”由于季米特洛夫的论辩有力、论证严谨、说理透彻，直接揭穿了“国会纵火案”的实质和法西斯的阴谋，法庭不得不宣布对他无罪释放。

【点评】季米特洛夫面对希特勒政府的控告和伪证，义正词严地指出卢贝并非共产党员的实质，从而揭露了“国会纵火案”的真相。其辩词酣畅淋漓，令人拍手称快。

知识链接

国会纵火案到底是怎么回事

1933年2月27日22时，柏林的消防队接到消息，国会大厦发生了重大火灾。直到23时30分，大火才被扑灭。警方在现场发现了20捆未烧尽的纵火燃料和一个赤裸的男人，此人名叫马里努斯·卢贝，是一个失业的建筑工人。希特勒政府认定此人是共产党员，并将失火事件牵涉到共产党身上。实际上，国会失火是纳粹党精心策划的借以消灭德国共产党和进步力量的阴谋事件，希特勒想借此解散德国共产党。

3.顺水推舟法：按照对方的思维模式依势顺推，或以对方的核心论点为前提进行推理，出人意料地表达出自己的某种思想的一种方法。

一个美国记者发现周总理使用的是美国派克钢笔。

“请问总理阁下，”美国记者不怀好意地讥讽道，“你们堂堂中国人，为何还要使用我们美国生产的钢笔呢？”

“提起这支钢笔，话就长了，”周总理风趣地说，“这是一位朝鲜朋友的抗美战利品，他将它作为礼物赠送给了我。朋友说，抗美胜利了，你就留下做个纪念吧！我觉得很有意义，就收下了这支贵国的钢笔。”

美国记者听完之后，面容失色，灰溜溜地走了。

【点评】美国记者企图借一支美国派克钢笔讥笑中国贫穷落后，而周总理巧妙地借助对方的话题引申发挥、依势顺推，以“战利品”“做个纪念”等词语暗示了美国在朝鲜战场上的失败和中国的强大，让美国记者自讨没趣。

知识链接

历史上的朝鲜战争

朝鲜战争原为朝鲜半岛上朝、韩之间的民族内战，但后来，分别支持朝鲜和韩国的苏联、美国、中国等多个国家都卷入了这场战争。1950年，朝鲜在苏联的支持下入侵韩国，历时3年的朝鲜战争爆发。同年9月15日，以美军为主的联合国军进入朝鲜半岛，支持韩国攻打朝鲜。10月25日，中国人民志愿军应朝鲜的请求抗美援朝。1951年，中国和朝鲜方面与美军开始停战谈判，直至1953年，各方才终于签署了《朝鲜停战协定》，战争结束。

故事人物

佩斯塔洛奇：瑞士著名的教育家。1774年，佩斯塔洛奇在农村建了一个孤儿院，收容了50多个贫苦儿童。他一面教孩子们学习，一面让他们从事农业和纺织业劳动。佩斯塔洛奇主张教育必须成为所有人的财富，教育应做到智育、德育和体育的一体化，使“头、心和手”都得到发展，而教育者的首要职责就是塑造人。他的教育思想不但影响了欧美国家，也影响了中国的初等教育。

4.假装糊涂法：此种方法又被称为大智若愚法，它是指对对方的谬论假装糊涂，好像没有发现他的本意，故作曲解，从而体面地从困境中解脱出来。

佩斯塔洛奇是瑞士大教育家。

一天，有人故意刁难他：“你能不能从摇篮中就看出，小孩长大后会成为一个什么样的人呢？”

“这很简单，”佩斯塔洛奇很干脆地回答道，“如果在摇篮中的是个小女孩，长大后一定会成为妇女；如果是个小男孩，长大后肯定会成为大男人。”

【点评】没有人能够预料到小孩子长大后到底会成为什么样的人。面对这样故意刁难的问题，佩斯塔洛奇故作糊涂，用一个众所周知的大实话作了回答，幽默巧妙地应对了对方的刁难，并让对方难以挑出毛病。

5.模糊应对法：在一些特殊场合，我们往往会碰到一些不便直接回答但又不能不回答、一时无法回答但又必须回答的问题。这时，运用精确的语言往往不能让对方满意，也表达不了我们的思想感情，而唯有模糊应对才能化解难题。

故事人物

王僧虔：南朝齐书法家，王羲之的四世祖孙。王僧虔喜文史，善音律，其书法承袭祖法，丰厚淳朴而有骨力，有《王琰帖》传世。除书法造诣深厚外，王僧虔在书法理论上也有独到的见解。他提出书法要创造完美的艺术形象，还提出“天然”与“功夫”这些美学范畴。

南齐时，有个著名书法家名叫王僧虔。他是晋代王羲之的四世族孙，其行书、楷书继承祖法，造诣颇深。当时，南齐太祖萧道成也擅长书法，而且自命不凡，不乐意自己的书法逊于臣子。一天，齐太祖提出要与做了尚书令的王僧虔比试书法，王僧虔推脱不掉，只好硬着头皮答应了。两人写毕，齐太祖傲然地问王僧虔：“你说说，咱们二人的书法谁第一？谁第二？”王僧虔既不愿贬低自己，又不愿得罪皇帝，他眉头一皱，说：“臣的书法，人臣中第一；陛下的书法，皇帝中第一。”齐太祖听了，只好笑笑了之，并说：“卿可谓善自为谋矣。”意思是说他善于为自己谋划。

【点评】面对皇上的刁问，王僧虔当然不能说自己的书法胜过皇帝。于是，他采取模糊应对的方式，把自己与皇帝对立的局面变成并立的情况，既赞扬了皇帝的书法，又没有自我贬低，从而脱离了进退两难的窘境。

6.声东击西法：为了达到辩论的目的，不直接表述目的，而是从相反的方面入手，这就是论辩中的声东击西技巧。“东”是明说，“西”是暗指；“声东”是假象，“击西”是目的。

古时候有个宰相，一天，他请来一位理发师给他理发。理发师给他理好发之后，就给他修面。面修了一半，理发师忽然停下手中的剃刀，两只眼睛看着宰相的肚皮。宰相心想：肚皮有什么好看的呢？就问道：“你不修面，却看我的肚皮，这是为什么？”理发师听了宰相的问话，说：“人家说‘宰相肚里好撑船’。我看大人的肚皮并不大，如何可以撑船呢？”宰相听了哈哈大笑，说：“所谓‘宰相肚里好撑船’，是说宰相气量大，对各种小事都能容忍，从来不计较。”理发师听了，慌忙跪在地上，口中连连说：“小人该死，小人该死。”宰相忙问：“什么事？”理发师说：“小人该死。在修面的时候，小人不小心将大人左面的眉毛剃掉了，千万请大人恕罪。”宰相一听，十分气愤。他想，剃去了一道眉毛，如何去见皇上，又如何会客呢？正想发怒，但又一想，自己刚才讲过，宰相的气量最大，对那些小事从来不计较，现在又怎么能为了一道眉毛而治他的罪呢？想到这里，宰相只好说道：“你去拿一支笔来，将剃去的眉毛给我画上吧。”理发师就按宰相的吩咐，给宰相画上了一道眉毛。

【点评】理发师无意中剔去了宰相的一道眉毛，心想一定会惹得宰相大人发怒。危急关头，他采取“声东”之计，说“宰相肚里好撑船”，目的是为了“击西”，让宰相先承认自己是个胸怀宽大的人。之后，他再说出自己的失误，宰相即使生气，也不好为难他了。

故事中的哲学智慧

“将军额上能跑马，宰相肚里能撑船。”这句话讲的是一种处世智慧，即宽容他人，待人处事要宽厚仁慈。宽容别人，才能建立良好的人际关系，赢得朋友和他人的尊重。要做到宽容，就必须要有度量，不能小肚鸡肠，事事计较。唯有放开心胸，不计较个人的荣辱、得失，才能显示出非同一般的大气量和大智慧。

7.类比推论法：在客观世界中，任何事物都有着与其他事物相同或相似的属性。类比推论就是在考察两类事物某些相同或相似属性的基础上，推断出它们另外的属性也相同或相似的论辩方法。

古希腊哲学家苏格拉底的妻子是个有名的悍妇，动辄对他打骂不已。有一次，苏格拉底在楼下教授门徒，忽然听到楼上传来敲打楼板的声音，原来是他妻子抱怨他教的时间太长了。苏格拉底没有理会妻子，打算把课讲完，结果妻子大发雷霆，从楼上当头泼下一盆冷水，将苏格拉底浇成了落汤鸡。众学生纷纷表示歉意，苏格拉底却很镇定地说："没关系，雷鸣之后免不了一场大雨。"

有人以此嘲笑他说："你不是最有智慧的哲学家吗？怎么连老婆都挑不好？"他回答："善于驯马的人都喜欢挑选悍马、烈马，其他的也就不在话下了。你们想，如果我能忍受她，还有什么人不能忍受的呢？"

【点评】苏格拉底把自己的妻子与烈马作类比，而将自己和善于驯马的人作类比，于是便将一件原本令他羞愧的事变成了一件令他人佩服的事，结论顺理成章，不仅回击了对方的嘲笑，更解除了自己的尴尬。

名人语录

1.知道的越多，才知道的越少。

2.想左右天下的人，须先能左右自己。

3.人可以犯错，但是不可犯同一个错。

4.这个世界上有两种人：一种是快乐的猪，一种是痛苦的人。要做痛苦的人，不做快乐的猪。

——苏格拉底

8.因果论证法：事情发生的原因和出现的结果有着必然的联系，根据这种联系，可以用结果证明原因的必然性，也可以用原因证明结果的必然性。

一位生物学教授通过试验发现蝙蝠具有"以耳代目"的"活雷达"特性。但另一位学者持有不同的意见，于是，两人展开了一场辩论。

教授："蝙蝠能在阴暗的岩洞里准确无误地飞行，这是为什么？"

学者："因为它的眼睛特别敏锐，能在微弱的光线下看清周围的障碍物。"

教授："为什么蝙蝠能在黑夜穿过茂密的森林？"

学者："也许它有异常的夜视能力。"

教授："当我们把它的双眼遮住，或让它失明，它仍能正常地飞行，这又是为什么？若我们去掉遮盖它双眼的罩，将它的双耳遮住，它飞行时就会到处碰壁。这又该如何解释？"

学者无言以对，只好认输。

【点评】教授以明确的事实来证明自己的结论，正是应用了因果论证法。既然对方承认研究结果属实，就不得不承认结论正确，这种辩论方法让对方无可辩驳。

知识链接

蝙蝠和雷达有什么关系

蝙蝠是唯一一种会飞的哺乳动物，它飞行时靠耳朵而不是眼睛来识别周围的情况。蝙蝠的喉头可发出人耳听不到的超声波，这种超声波沿直线传播，一旦碰

到障碍物就会返回来。蝙蝠靠灵敏的耳朵接收到返回的超声波，就能准确判断出前方障碍物或猎物的位置和大小等。人类通过研究，终于知道了蝙蝠具有这种回声定位能力，并根据此原理发明了雷达。

9.两难推理法：两难法，是指竭尽所有可能（通常是两种可能），令对手无论承认哪一种可能都必然失败的论辩方法。运用两难法，常常会令对手进退不得。

有一个人，他根本不相信算命。一天，他碰到一个算命先生，便故意问："你算命灵验吗？你算算我可以活到几岁？"算命先生听出对方的口气，不慌不忙地说："我算命绝对灵验。就你来说，你假如不死的话，可以活到99岁；假如我算得不灵验，你在99岁之前死了，那时你可以来打我的嘴巴。"

这个人听了，却无从反驳，只好气鼓鼓地离开了。

【点评】如果这个人真活到99岁，说明算命先生算得准；如果活不到99岁，说明算命先生算得不准。可是人都已经死了，又怎么可能来打算命先生的嘴巴呢？算命先生巧用二难推理，早已设定无论何种情况，自己最后都能够获得胜利，所以刁难他的人根本讨不到便宜。

第二节 坐而论道风云起

——诡辩解读

正常、有效的人际沟通必须符合逻辑思维规则和规律。但在现实生活中，我们会不可避免地碰到玩弄诡辩术的人，殊不知，他们辩论的依据和理由都是不能成立的。因此，如何认识诡辩手法、掌握破斥诡辩的方法，是现代人实现有效沟通的必备技能。

一、似是而非——诡辩的含义

“诡辩”作为一个名词出现于汉代。《史记·屈原贾生列传》中有：“（张仪）如楚，又因厚币用事者臣靳尚，而设诡辩于怀王之宠姬郑袖。”意思是说，善于游说的纵横家张仪到了楚国，用重金贿赂楚怀王的重臣靳尚，靳尚在怀王宠姬郑袖面前说了许多诋毁屈原的话。这里的“诡辩”是“说坏话”的意思。

作为“颠倒黑白、混淆是非”的“诡辩”，则出自《淮南子·齐俗训》：“诋文者处烦扰以为慧，争为佹辩，久稽而不决，无益于治。”“佹”在古汉语中本义是言辞激越而诡异，如《荀子·赋》：“天下不治，请陈佹诗。”但在乖戾、不合、强词夺理、无理强辩的含义上又通“诡”，因此，这里的“佹辩”就是“诡辩”，并且已经与争论相连，有了“心智”的因素。另外，《汉书·景十三王传第二十三》又有：“彭祖为人巧佞卑谄，足恭而心刻深。好法律，持诡辩以中人。”这种“诡辩”与现代意义上的“诡辩”已经完全一致了。

在西方，“诡辩”（sophism）也是一个古老的词汇。西方的“诡辩”一词源出希腊语的“技巧”“智慧”，其最初的含义是掌握技巧、具有智慧的人，即“智者”（sophist）。智者中的一些人在争论中采用了一种后来被称作“诡辩术”（sophistry）的方法，古希腊哲学家把这些人称作“智术之师”，认为他们是“言论竞争上的能手，诡辩术的专家”，“以诡辞而心满意足”，并把这些人称作“诡辩家”。但在这里，“诡辩”的含义显然已经发生了变化，由于这些“智者”的“诡辩术”逐渐演化为“为了进行欺骗而做的虚假的论证（或议论）”，于是，“诡辩”原有的“技巧”“智慧”就变形走样了。

哲学人物

黑格尔：德国近代客观唯心主义哲学的代表、政治哲学家。黑格尔青年时代受法国思想家卢梭的影响很大，他崇尚自由，反对封建专制和民族分裂，渴望德国统一。在哲学上，他对德国资产阶级的国家哲学作了最系统、最丰富和最完整的阐述，其著作有《精神现象学》《逻辑学》《哲学全书》等。

1000多年后的德国哲学家黑格尔更直截了当地给“诡辩”下了一个定义：“诡辩这个词通常意味着以任意的方式，凭借虚假的根据，或者将一个真的道理否定了，弄得动摇了；或者将一个虚假的道理弄得非常动听，好像真的一样。”这个定义实际上涉及诡辩论的三个要素：第一，论题虚假。即论题不合乎事实和真理。第二，论据虚假。即论据不合乎事实和真理。第三，论证方式错误。即论证中采用的推理形式无效。

按照诡辩论所涉及的这三点，我们就可以给“诡辩”重新下定义了。“诡辩”就是：“故意违反逻辑规律和规则的要求，为错误论点做辩护的各种似是而非的论证。”

知识链接

诡辩与谬误的区别

诡辩同一般的谬误最大的区别在于：谬误是无意的，而诡辩是有意的。诡辩者使用种种手法，玩弄歪曲真理的把戏，故意把谬误说成真理，或者为某种言行强词辩解，这就是诡辩，而非谬误。

二、洞烛玄机——诡辩的手法

1.概念应用中的诡辩术

（1）简要概述

概念、判断、推理是思维的基本形式。判断是由概念组成的，推理是由判断组成的，所以概念是思维的细胞，是我们的思维藉以进行的基础。逻辑学要求我们在思维的过程中，力求做到概念明确、判断恰当、推理合乎逻辑。因而，如果在概念上出了问题，就会作出错误的判断和推理。

概念有两个重要的逻辑特征，即任何概念都有内涵和外延。内涵是概念所反映的对象的特有属性或本质属性，外延是概念所反映的一类对象，这些对象都具有概念的内涵所反映的属性。概念有不同的种类，各种概念之间存在着不同的关系。概念是通过语词表达的，概念和语词既有密切的联系，又有本质上的区别。逻辑学提供的关于概念的基本知识，是我们正确应用概念的必要条件。

诡辩论者在概念应用中的诡辩手法主要有：玩弄语词游戏，利用歧义词、谐音词混淆概念；故意曲解概念的内涵和外延；以及主观地应用概念的灵活性；等等。

（2）实例分析

你想学什么

有一个青年跋涉千山万水，来到大西洋百慕大群岛三角海域中的一个小岛上，去找隐居在那里的一位哲学家，目的是想学些深奥的知识。见到这位哲学家之后，青年说明了来意。不料这位哲学家是位诡辩大师，几句话就把那青年弄得糊里糊涂。

哲学家：你想学知识？

青年：是的。

哲学家：你已经知道的东西，是你想学的吗？

青年：不，我不想学我已经知道的东西。

哲学家：那么，你是想学你不知道的东西了？

青年：是的，我想学我所不知道的东西。

哲学家：如果你根本不知道有马，你能想到要学习关于马的知识吗？

青年：不，我不可能想学关于马的知识，因为我根本不知道有马。但是，哲学家，我是知道有马的，人世间确实有马这种动物存在。

哲学家：且慢，我问你什么，你回答我什么，不要转到其他地方去。那我再问你：如果你不知道百慕大三角海域中有一座神秘的小岛，你能想到要去学习关于这个小岛的知识吗？

青年：不，我不会想去学习关于我根本不知道的小岛的知识。

哲学家：在太阳系小行星带有一颗外星人发射的“外星人造小行星”，这颗小行星你当然不知道。你能想到要学习关于这颗小行星的知识吗？

青年：不，我不可能想要学习关于它的知识。

哲学家：那么，你不知道的东西，也不是你想学习的东西了？

青年：是的。

哲学家：你刚才说，你已经知道的东西，不是你想学习的东西；现在你又说，你不知道的东西，也不是你想学习的东西；而事物总不外乎是你已经知道的东西，或者是你还不知道的东西。所以，没有什么东西是你想学习的了。

青年：是这样的吧。

哲学家：如果没有什么东西是你想学习的，那么，你来到这里又是为了什么呢？

听了哲学家这番诡辩，这位青年似乎连自己也搞不清楚他究竟是为了什么而来的了。

知识链接

什么是偷换概念

偷换概念是将一些貌似一样的概念进行偷偷转换，实际上已改变了原概念的修饰语、适用范围、所指对象等具体内涵，是一种歪曲对手言论的逻辑谬误。诡辩者常用这种方式把对方的言论重新塑造成一个容易推翻的立场，误导对方，然后再对其言论进行攻击，以达到自己的某种目的。

这位哲学家不愧为偷换概念的“魔术师”。那么，他是用什么“魔术”把一个向他求知识的青年诱入其设下的陷阱而不能自拔的呢？让我们略作分析。

从哲学家开头提出的三个问题和青年作出的三个回答可以看出，他们最初讨论的问题是：你是否想学习关于你已知其存在的事物的知识？这个问题实际上又包含两个小问题：①你已知某事物存在，而且你已经掌握了关于这个事物的知识，你是否还想学习？②你已知某事物存在，但你尚未掌握关于这个事物的知识，你是否想学习？对前一个问题，青年的回答是否定的，对后一个问题，青年的回答是肯定的。在这段对话中，二人所使用的“东西”一词，表达的都是“知识”的概念。岂知哲学家紧接着又以三个假设句的形式提出了另外一个问题：你是否想学习关于你尚不知其存在的事物的知识？这就偷换了原来讨论的问题。青年对于这个问题作了否定的回答。于是哲学家又问：“那么，你不知道的东西，也不是你想学习的东西了？”这又偷换了概念。本来“东西”一词在前面是表达“知识”的概念，在这里，哲学家把它偷换为表达“事物”的概念。青年没有看出这一点，他被上面接连的三个问句弄懵了，结果上了当，作出了肯定的回答。接着，哲学家又在“东西”这同一个语词形式内塞进了“知识”和“事物”两个不同概念，迫使青年不得不违背初衷地接受他得出的“没有什么东西是你想学习”的结论。这位青年就是这样被哲学家弄得昏头昏脑，自己也不明白是怎么一回事了。

故事中的哲学智慧

我们在与别人谈话时，要保持清醒的头脑，时刻留意对方所说的是否偏离了最初的方向，如果对方跑了题或故意曲解了自己的意思，一定要在对方的岔路口截住，避免被对方牵着鼻子走。同时，不管是否与人辩论，都要清楚明白地知道自己想要什么，不想要什么，这样才不会轻易被人误导。

2.判断应用中的诡辩术

(1) 简要概述

判断是对事物的情况有所肯定或否定的思维形式。判断与概念的根本区别就是它有明显的断定性，即对事物的性质、事物间的关系、事物的价值以及对人们的行为规范作出肯定或否定的断定。如果所作出的断定符合事物的情况或者有利于实现人们的实践目的，则判断就是真实的或正确的；否则，就是虚假的或错误的。判断除了具有真假性、对错性，还有一个是否恰当的问题。一个判断虽然正确地反映了事物的局部情况，但从事物的全局、整体、全过程来看，具有片面性，这样的判断尽管真实、正确，但不够恰当。所谓恰当的判断，就是全面地、准确地、恰如其分地反映事物情况的判断。逻辑学要求我们作出的判断应是真实的、正确的和恰当的。检验一个判断是否恰当的唯一标准是社会实践。

判断和语句有密切的联系，判断是语句的思想内容，语句是判断的语言表达形式。任何判断都要用语句来表达，不同的语句可以表达同一个判断（同义句），同一个语句可以表达不同的判断（歧义句）。为了准确地表达思想，我们作出的判断必须具有明确性，为此就应当选择表意精确的语句来表达判断，力戒语句的含糊性和歧义性。

诡辩论者在判断应用中的诡辩手法主要有：故意歪曲一个判断的本来含义；或者将不同的问题、不同的判断混为一谈；或者故意使用歧义句，以便根据自己的主观需要对歧义句所表达的判断作出任意的解释；诉诸权势、强词夺理、颠倒语序、错误断句等。

知识链接

什么是歧义句

一个句子有两种或两种以上的解释，这种句子就是歧义句。句子产生歧义的原因有多种，如词义不明确、句法不固定、层次不分明、指代不明等。其中，关键词语有多种含义容易造成歧义，如“请吃菜”，“菜”既可指菜蔬，也可泛指菜肴。另外，说话者说话时的语气也会导致歧义的发生。如“他早饭就吃了三个花卷”，“就”字轻读，表示他吃得少；“就”字重读，表示他吃得多。

（2）实例分析

“嘴不好”与“眼下没有什么”

有一个民间故事叫《巧嘴媒婆》，说的是一个媒婆专靠花言巧语来骗人。某姑娘因为缺一块嘴皮，是个豁嘴子，一直嫁不出去；某小伙子因为没有鼻子，也娶不到媳妇儿。但双方都提出一个条件：不要有残疾的。没想到，巧嘴媒婆居然把这门亲事说成了。她对男方说：“这姑娘没有别的毛病，就是嘴不好。”

男方以为“嘴不好”是指多嘴多舌，说话絮叨，就说：“嘴不好不算大毛病，慢慢劝她改嘛！”

巧嘴媒婆又对女方说：“小伙子别的都挺好，就是眼下没有什么。”

女方以为“眼下没有什么”指的是男方现在家里穷，没有财产，就说：“眼下没有什么怕啥呀！俺多陪送点就是了。”

后来，姑娘与小伙子见了面才发现上当了，两人都指责媒婆骗人。巧嘴媒婆辩解道：“这怎么是骗人？我不是早就对你们说了，‘姑娘嘴不好，小伙子眼下没有什么’吗？”

语句中有一种歧义句，即同一句话的意思，人们对它可以有不同的理解、作出不同的解释。例如，“他，连我都不认识。”对于这句话，人们可能有两种完全不同的理解：一是“他不认识我”，即他连我这个大名鼎鼎的人物（或近亲、紧邻）都不知道；二是“我不认识他”，即连我这个交游甚广、最熟悉情况的人对他都不知道。

从逻辑学的角度看，所谓歧义句就是同一个语句可以表达不同的判断。歧义句常常引起对它持有不同理解的人们之间的争论，而诡辩论者则是竭力利用歧义句来迷惑别人或为自己的错误狡辩。上述故事中的“姑娘嘴不好”和“小伙子眼下没有什么”就是两个歧义句。它们既可以像姑娘、小伙子那样，从一般的意义上来理解，也可以像巧嘴媒婆那样，从另一种意义上来解释。所以，当我们发现有人说的话有歧义时，就要询问对方：“你说的这句话的确切含义是什么？”以免误解或上当受骗。

故事中的哲学智慧

面对人生的关键选择时，我们不能急于求成，要弄清楚情况后再下判断。故事中的姑娘和小伙子之所以被媒婆欺骗，很大程度上是因为他们一个恨嫁、一个急娶，从而未对媒婆的话深思熟虑，想当然地理解为自己认为的那个意思。其实，只要他们多问一句，或多打听一下，就不会受骗了。所以，当有人极力劝说我们做某事时，一定要多思考，多了解再作决定。

3.违反同一律的诡辩术

（1）简要概述

同一律的基本内容是：任何正确的思维都有确定性。同一律的公式是“A是A”。

A表示在同一思维、议论过程中出现的任何一个思想（概念或判断）。“A是A”是说，在正确的思维和议论中，A这个思想具有自身的同一性。

“A是A”这条逻辑规律，是对客观事物的相对稳定性和质的规定性的正确反映。

同一律要求在同一思维过程中，思维的对象、应用的概念和判断必须是确定的。

诡辩论者违反同一律的诡辩手法主要有：偷换概念和转移论题；讨论问题时东拉西扯、胡搅蛮缠，或者采用“双重标准”；否认事物和概念相对确定性的相对主义；等等。

（2）实例分析

人连一次也不能踏进同一条河流

在上篇中我们就已经讲过，古希腊哲学家赫拉克利特认为，世界上的事物如同河中的流水一样在不断地运动变化着。他说过一句著名的话：“人不能两次走进同一条河流中去，因为当你第二次走进这条河流时，河水已经变化了。”赫拉克利特有个学生叫克拉底鲁。他觉得他的老师说得还不够彻底，认为人连一次也不能踏进同一条河流，因为当你举足入河时，河水已经历了无数的变化。他甚至认为什么东西连名字都不能起，因为当你叫出它的名字时，它就已经变成另外的东西了。

哲学人物

克拉底鲁：古希腊哲学家，诡辩派的代表人物。其生平事迹不详，据说是柏拉图的第一位老师。公元前5世纪，他歪曲了老师赫拉克利特“一切皆变”的思想，提出“人一次也不能踏入同一条河流”。他认为事物没有稳定性，一切都处于变动中，人们对任何事物都不能作出肯定或否定的判断，因而世间无真理可言。

唯物辩证法认为，客观事物由于内部矛盾的作用不断地运动和变化着，但事物在运动变化中又有它的相对稳定性和质的规定性。例如，我们栽了一棵树，它时时刻刻都在生长、变化，但在一定时间内，不管它长得多么快，它仍然是一棵树。假若它是一棵柳树，那么在它被锯倒做成别的东西之前，它就是一棵柳树，不会同时又是一棵别的什么树，就是说它具有自身的质的规定性。克拉底鲁的错误就在于片面夸大了事物的运动和变化，否认了事物的相对静止，认为事物倏忽即逝、瞬息万变，没有丝毫的确定性，这就陷入了相对主义诡辩论。

按照这种观点，我们认识任何事物都是不可能的。其实，否认了事物的相对确定性和质的规定性，也就否认了事物的变化。因为所谓变化是指一物演变成另一物，或者事物从一种状态变为另一种状态。如果事物自身或事物的状态没有任何的确定性，怎么能说清楚什么是“变化”呢？所以列宁一针见血地指出：“这位克拉底鲁把赫拉克利特的辩证法弄成了诡辩。”从形式逻辑基本规律的观点看，克拉底鲁的诡辩是由于否认了同一律的客观基础，亦即否认了事物的相对稳定性和质的规定性。

故事中的哲学智慧

无论何时何地，我们都要客观、辩证地看待事物，不能走极端。如果片面地夸大事物的某个方面，而否认另一方面，就会陷入极端的误区，根本不可能正确地认知世界。时刻保持平和的心态，不偏激、不冲动，才能让自己的行为合乎常理，让自己的思想日趋成熟。

逻辑史上著名的“半费之讼”

古希腊著名哲学家、诡辩家普罗塔哥拉曾公开设馆教人辩论之术。他收了一个想当律师的学生，名叫爱瓦梯勒士。师生签订合同：学生先交一半学费，另一半学费待学生毕业后第一次出庭为人打官司胜诉后交付，如果官司败诉就无须再交这一半学费。爱瓦梯勒士毕业后并未从事律师职业，也不交那一半学费。老师等得不耐烦，就向学生索取，学生执意不给，师生要诉诸法庭解决。老师对学生说：“这官司打起来对你没有好处。因为如果我打赢了，根据法庭判决，你必须给我学费；如果我打输了也就是你打赢了，根据当初签订的合同，你也必须给我学费（合同规定，爱瓦梯勒士第一次打赢官司应交学费）；我打赢了，或者我打输了，你都必须给我学费。”

爱瓦梯勒士听后不甘示弱，他对老师说：“我看这官司打起来实际上对你不利。因为如果我打赢

故事人物

普罗塔哥拉：古希腊哲学家，智者派的主要代表人物。他出生于希腊的阿布德拉城，一生旅居各地，接收门徒，传授修辞和论辩知识，是当时最受人尊敬的"智者"。普罗塔哥拉接受了赫拉克利特关于万物流变的思想，但是他走向了相对主义和怀疑论，提出“人是万物的尺度”，把感觉看成真理的标准。

了，根据法庭判决，我当然不给你学费；如果我打输了，根据当初签订的合同，我无须再交学费（合同规定，爱瓦梯勒士第一次打输了官司，就不要交另一半学费）；我打赢了，或者我打输了，我都不应付给你学费。”

普罗塔哥拉和爱瓦梯勒士的论证都违反了形式逻辑的同一律。因为按照同一律，师生在争论该不该交学费时，都必须使用同一个标准。但实际上二人都采用了双重标准：一个是法庭的判决，另一个是当初的合同。这两个标准对于辩论的双方各有利弊，他们在论证中都选择了对自己有利的标准，避开了对自己不利的标准。当老师对学生说“这场官司如果我打赢了你应当给我学费”时，使用的标准是法庭的判决；当说“如果我打输了你也应给我学费”时，使用的标准是当初的合同。而爱瓦梯勒士恰恰相反，当他对老师说“这场官司如果我打输了我不给你学费”时，使用的标准是当初的合同；当说“如果我打赢了我不给你学费”时，使用的标准是法庭的判决。所以，师生的论证都是诡辩。这个问题如果进一步去思考，就会发现当初签订的合同是有漏洞的，因为它没有规定若学生毕业后不从事律师职业时，是否还要交另一半学费，这一点被学生钻了空子。在这种情况下，恐怕法官也难以判决爱瓦梯勒士该不该交学费。

故事中的哲学智慧

普罗塔哥拉和学生发生关于学费的争论，原因在于一开始就签订了有漏洞的合同，所以不论双方如何诡辩，都是难以辩清的。这个故事告诉我们，做事情之前，一定要把各种规则和要求讲清楚，并且要用同样的标准来明确各方的权利和义务，做到客观、公正，这样才不会给将来造成不必要的麻烦。

4.违反不矛盾律的诡辩术

（1）简要概述

不矛盾律的基本内容是：任何正确的思维都不是自相矛盾的。在同一思维、议论过程中，两个相互否定的思想（具有反对关系或矛盾关系的两个判断）不能同真，必有一假。不矛盾的公式是“A不是非A”。

A与非A，表示两个相互否定的思想（概念或判断）。“A不是非A”是说A

这个思想不是非A这个思想，二者不能同时成立。

“A不是非A”这条逻辑规律，是对客观事物间存在的质的差异性的正确反映。

不矛盾律要求在同一思维、议论过程中，对两个相互否定的概念或判断不应同时肯定，即“不能两可”。

诡辩论者违反不矛盾律的诡辩手法主要有：出尔反尔，自相矛盾；看风使舵，反复无常；颠倒黑白，混淆是非；抹煞矛盾双方转化的条件，否认对立概念的差别；等等。

知识链接

关于矛盾律的解读

矛盾律是传统逻辑的基本规律之一，又称不矛盾律。它要求在同一思维过程中，对同一对象不能同时作出两个矛盾的判断，即不能既肯定它，又否定它。在传统逻辑里，矛盾律首先是作为事物规律提出来的，它还被看成是关于逻辑语义的规律，即在同一上下文中，同一语词或语句不应既表述某一思想又不表述某一思想。假如违背了矛盾律的要求，思维就会陷入逻辑矛盾。

（2）实例分析

塞翁失马

我国古书《淮南子》中讲了一个“塞翁失马”的故事。

有一位住在边塞上的老人养了一匹马。一天，马逃跑了，邻居们都替他可惜，老人却若无其事地说：“塞翁失马，焉知非福？”过了一些日子，跑掉的马居然又带了一匹马回来。失一马得两马，邻居们知道了，又都来祝贺他。老人又不以为然地说：“塞翁得马，安知非祸？”果然，没过多久，老人的儿子骑了那匹新来的马，不小心把腿摔断了。事情不幸又被老人言中，邻居们对此表示同情。老人又说：“从今以后，我也许可以得到幸福了。”又过了些日子，边境发生了战争，村里身强力壮的年轻人都被征召去当了兵。结果，这些当兵的人十之八九都战死了，唯有老人的儿子因为腿断没有被征去打仗，才保留了一条性命。

不矛盾律的客观基础是事物间的质的差异性。尽管客观事物是相互联系和相互转化的，但在转化之前，此事物不是彼事物，彼事物也不是此事物，二者间有质的区别，不能将它们等同看待。另外，事物的转化必须具备一定的条件，否则就不能转化。福与祸、好事与坏事之间的关系也是这样，仅当具备了充分的主客观条件时，才能相互转化。离开了条件空谈转化，是相对主义诡辩论的一个重要特征。相对主义诡辩论否认矛盾双方的差别，否认事物由此及彼的转化条件，把什么事情都无条件地说成“亦此亦彼”。故事中的那位老人就是这样。他遇到了祸就说这也是福，遇到了福又说这也是祸，完全不考虑祸与福相互转化的条件，从而陷入诡辩。从形式逻辑的角度看，这是违反了不矛盾律。虽然故事中老人的话都言中了，但那只是一种偶然性，并非必然性。因为世上恐怕有更多的人失掉马之后没有再得到马，摔断了腿之后也没有发生战争。

故事中的哲学智慧

“塞翁”的言论固然带着诡辩的成分，但这个故事仍不失积极意义。“祸兮福所倚，福兮祸所伏”，福与祸在一定条件下是会相互转化的，关键是看你怎么去看待、怎么去把握。遇到祸事，不消极怠命；遇到福事，不得意忘形。让祸事变成福事，让福事不变成祸事，这就是我们应从这个故事中学到的道理。

5.违反排中律的诡辩术

（1）简要概述

排中律的基本内容是：任何正确的思维都有明确性。在同一思维、议论过程中，两个相互矛盾的判断不能同假，必有一真。排中律的公式是“要么A，要么非A”。

公式表示，在A和非A这两个矛盾判断中必有一个是真的，排除了存在中间的可能性。

同不矛盾律一样，“要么A，要么非A”这条逻辑规律，是对客观事物间存在的质的差异性的正确反映。

排中律要求在同一思维、议论过程中，对两个相互矛盾的判断不应同时否定，即“不能两不可”。

诡辩论者违反排中律的诡辩手法主要有：含糊其词，模棱两可；调合折衷，貌似公正；编造“复杂问语”，诱人上当；以强凌弱，蛮不讲理；等等。

知识链接

排中律和矛盾律的区别

与矛盾律一样，排中律也是传统逻辑学的基本规律。但二者有明显的区别，矛盾律强调一件事物是A，就不能是非A；而排中律要求两个相互矛盾的判断不能同假或不能同真。拿“自相矛盾”这个故事来说，它强调“两可”，违反了矛盾律，但并没有违反排中律。假如对“自相矛盾”中的两个矛盾说法都加以否定，才是违反了排中律。

（2）实例分析

兔子伤风

有一个《兔子伤风》的民间故事，是这样讲的：

狮王指定熊、猴子和兔子做他的大臣。后来，狮王跟他们在一起玩腻了，想要把他们吃掉。可是，他得找个借口才行。因此，狮王就把他的三个大臣召来，对他们说："你们当我的大臣有不少日子了，我现在得测验一下，看你们当了高官以后有没有腐败。"说完，狮子张开血盆大口，要熊说出他嘴里发出来的是什么气味。熊直率地说："大王，您嘴里的气味很不好闻。"

"你犯了叛逆罪！"狮王怒吼道，"你竟敢当面毁谤国王。犯叛逆罪的应处以死刑！"说罢，狮子就扑到熊的身上把他咬死并吃掉了。

接着，狮子又问猴子："我嘴里发出的是什么气味？"猴子亲眼看到熊的下场，赶忙回答道："大王，这气味很香，就跟上等香水一样好闻。"

"你是个又会撒谎又会拍马屁的家伙！"狮子怒吼道，"我是爱吃肉的，谁都知道我嘴里发出来的只能是臭味。凡是不诚实的、爱拍马屁的大臣，都是国家的祸根，绝对不能留下。"说着，又扑到猴子身上把他吃了。

最后，狮子对兔子说："聪明的兔子，我嘴里发出来的到底是什么气味？""真是抱歉，大王！"兔子回答说，"我最近伤风，鼻子都塞住了。您能不能让我回家休息几天，等我伤风好了再说？因为只有到那时候，我的鼻子才管用，才能说出您嘴里发出来的是什么气味。"狮子没有办法，只好放兔子回家。不用说，兔子趁此机会逃之夭夭，一去不复返了。

"狮子嘴里的气味是臭味"与"狮子嘴里的气味不是臭味"，这是两个互相矛盾的判断。"是臭味"真，则"不是臭味"假；"不是臭味"真，则"是臭味"假。排中律要求对二者必须肯定一个、否定另一个，不能都否定。熊肯定

“是臭味”真，结果被狮子吃掉；猴子肯定“不是臭味”假，结果也被狮子吃掉。这样，兔子就处于十分困难和危险的境地。因为兔子如果还像熊或猴子那样回答，必然会招来杀身之祸。鉴于这种情况，机智的兔子避开了用“是”或“否”的正面回答，而是采用了另外的回答方式：我伤风了，鼻子不灵，等伤风好了再说，从而使狮子的诡计落空。由于兔子并没有对两个矛盾的判断同时加以否定，所以不能说兔子的回答违反了排中律。真正违反排中律的，恰恰是那个蛮不讲理的狮子。因为他对“说话应当诚实”和“说话不应当诚实”这两个矛盾判断都否定了，即诚实不行，不诚实也不行。兔子面对这样一个暴虐凶残、以强凌弱的狮王，还有什么道理可讲呢？

故事中的哲学智慧

面对说一不二、以强凌弱的狮王，兔子采取了避重就轻的方式，让狮王不得不暂时放它一条生路。当我们无力反抗强权时，为避免成为无辜的牺牲品，就要采取模糊策略，既不否定对方，也不肯定对方，说出自己的难处，转移问题的焦点，让对方不得不放弃追责。

6.违反充足理由律的诡辩术

（1）简要概述

充足理由律的基本内容是：任何一个正确的、真实的思想必有它的充足理由。充足理由律的公式是“A真，因为B真，并且由B可推出A。”

“A”代表要确定其为真的判断，“B真，并且由B可推出A”是确定A为真的判断，它是A真的充足理由。

充足理由律的逻辑要求是：第一，必须有理由，而且理由必须是真实的和全面的；第二，从理由能够推出所要论证的思想。

充足理由律是对客观事物间的条件联系，特别是因果联系的正确反映。

诡辩论者违反充足理由律的诡辩手法主要有：理由虚假；强推结论；因果倒置；无中生有；反复断言；等等。

故事人物

宋玉：战国时代楚国辞赋作家，历史上有名的美男子。相传，宋玉是屈原的弟子，其辞赋作品细腻工致，抒情与写景结合自然，在楚辞和汉赋之间起着承前启后的作用。如今，其流传下来的作品有《九辨》《招魂》《风赋》《高唐赋》《女神赋》《登徒子好色赋》等。

（2）实例分析

登徒子好色

战国时期，楚国有个文人名叫宋玉，是国内有名的美男子，楚王也很喜欢他。楚国大夫登徒子在楚王面前说宋玉的坏话，他说宋玉相貌英俊，口才精妙，是个贪恋美色之人，希望楚王远离他。楚王以此质问宋玉，宋玉便写了一篇《登徒子好色赋》，除了论证自己不好色外，又反击登徒子，说登徒子倒是一个好色之徒。理由是："其妻蓬头挛耳，唇历齿，旁行踽偻，又疥且痔。登徒子悦之，使有五子。王孰察之，谁为好色者矣。"

这几句话的意思是：登徒子的妻子非常丑陋，头发蓬乱，耳朵不灵，嘴巴秃短，露出几颗稀疏的牙齿，身上生疥疮，屁股长痔漏。而登徒子竟然喜欢她，并和她生了五个孩子。连这么难看的女人都钟爱，若对漂亮一些的女人不就更甚吗？这就充分说明了登徒子是个好色之徒。

由于宋玉是个颇有名气的辞赋家，加上这篇文章写得很有文采，所以不仅取得了楚王对他的信任，就是后来的人也不加分析地引用宋玉这段话，使登徒子成为喜好女色、品行不端的同义语，从而流传开来。

但是，我们只要从逻辑上稍加分析，就不难看出这个论证的诡辩性质。根据充足理由律的要求，在论证某一观点时，所持的理由不仅要真实，而且从理由能够推出所要论证的观点。"登徒子和他貌丑的妻子关系很好"，这个前提虽然真实，但从中根本不能推出"登徒子好色"的结论。针对宋玉的诡辩，毛泽东同志指出："宋玉攻击登徒子的这段话，完全属于颠倒是非的诡辩。"他十分风趣而幽默地说："从本质看，应当承认登徒子是好人。娶了这样丑的女人，还能和她相亲相爱，和睦相处。照我们的看法，登徒子是一个爱情专一、遵守《婚姻法》的模范丈夫，怎能说他是'好色之徒'呢？""毛泽东认为，登徒子是蒙受不白之冤，应当为他'正名平反'；他把宋玉视为得意的论据，作为反面教材诡辩术的典型。”另外，我们认为，要从宋玉的话推出“登徒子好色”的结论，还必须补加这样一个大前提：“凡不嫌弃妻子貌丑的人都是好色之徒。”但这个大前提是虚假的、不能成立的，这又违反了充足理由律的“理由必须真实”的要求，犯了“虚假理由”的错误。

故事中的哲学智慧

当一个人名望很高时，他说的话也产生了超于常人的影响，即使是诡辩，也很少有人思考其论据是否正确或者充分。这告诉我们，看待问题，不要看是谁说的，也不要管别人的看法，要自己深加思考，从客观的角度出发，进而去判断其命题的真伪。

7.演绎推理中的诡辩术

（1）简要概述

推理是从已有的知识推出新知识的思维过程，它是对现实的间接认识。

推理是由判断组成的。在推理中作为已有知识的判断称为推理的前提，作为推出知识的判断称为推理的结论。另外，还有前提和结论的连结方式，称为推理的形式。

形式逻辑根据推理的结论是否有必然性，把推理分为演绎推理和非演绎推理，在非演绎推理中又分为不完全归纳推理和类比推理（后面还要介绍这两种推理）。一个正确的演绎推理的特点是前提蕴含结论，即如果前提真，则结论必真；非演绎推理的特点是前提不蕴含结论，即前提真结论不一定真，结论可能假。

一个正确的演绎推理必须同时具备两个条件：第一，前提是真实的；即前提断定的思想内容同客观实际相符合；第二，推理形式是正确的，即推理遵守推理的规则和逻辑的规律。

前提虚假或推理形式错误的推理都是不正确的推理，不正确推理的结论的真假是不确定的。

推理的前提是否真实，要靠各门具体科学、并且最终要靠实践来解决，形式逻辑只是要求前提必须真实。推理的形式是否正确，这是形式逻辑专门研究的问题，它能帮助我们判断一个推理的形式是否正确。正确的推理形式既能保证从真前提必然推出真结论，又能帮助揭露前提中的谬误，即当结论假推理形式正确时，我们就可以断定，必有虚假的前提。

诡辩论者在演绎推理中玩弄的诡辩手法，从大的方面看，一是故意应用虚假的或片面的前提，二是应用错误的推理形式。其具体表现多种多样，我们将在下面结合“实例分析”给以揭露。

知识链接

推理有哪些种类

推理一般可分为演绎推理、归纳推理和类比推理。演绎推理是由普遍性的前提推出特殊性结论的推理，有三段论、假言推理和选言推理等形式；归纳推理是由特殊的前提推出普遍性结论的推理，有完全归纳法、不完全归纳法、简单枚举法、科学归纳法等类型；而类比推理则是从特殊性前提推出特殊性结论的一种推理，即从一个对象的属性推出另一对象也可能具有这种属性。

（2）实例分析

子非鱼，安知鱼之乐

《庄子》外篇《秋水》中记载着庄子与惠施在壕梁之上观鱼时的一段对话。庄子说：

“鲦鱼出游从容，是鱼之乐。”

惠施问：“子非鱼，安知鱼之乐？”

庄子反问道：“子非我，安知我不知鱼之乐？”

惠施和庄子关于是否知道游鱼快乐的问答都带有诡辩的性质。首先，作为正确的提问，惠施应对庄子说：“你怎么知道鱼快乐呢？”而惠施却又加上了一个前提："你不是鱼，怎么能知道鱼快乐呢？"这就构成了一个省略推理，省略的大前提是："凡鱼以外的事物，都不能知道鱼快乐。"

其次，作为正确的回答，庄子应当说明自己为什么知道鱼快乐的理由。庄子避开了正面回答，而是抓住了惠施的"子非鱼，安知鱼之乐"这句话反问道："你不是我，怎么知道我不知道鱼的快乐呢？"这个反问也构成了一个省略推理，省略的大前提是："凡不是我的人，都不能知道我知道鱼的快乐。"

我们认为，在惠施的问和庄子的反问中所省略的两个大前提都是不能成立的，因为在二者之上都隐藏着（或省略了）一个更一般性的前提：

"一个人对自己以外的任何事物都不能认识。"这是不可知论的观点，是不正确的。

故事中的哲学智慧

对事物的认知，不一定非要是那种事物或那个事物，才能知晓那种事物或那个事物的真实情况或者内心情绪。因为综合事物的各种表象，我们就可以推理出事物处于什么状况，这就是推理的作用。如果认为不是对方就不能了解对方，那就陷入一种认识的误区，无形中给自己增加了许多并不存在的障碍和烦恼。

8.类比推理中的诡辩术

（1）简要概述

类比推理亦称类比法或简称"类比"。它是根据A与B两个或两类对象在某些属性上相同或相似，已知A对象还有另外某种属性，推出B对象也有这种属性的推理。

类比推理的公式可表示为：

A对象具有属性a、b、c、d；

B对象具有属性a、b、c；

所以，B对象具有属性d。

类比推理能够启发人们的思想，具有举一反三、触类旁通的作用，无论在科学史上或在当代的科学研究中，都被广泛地应用。许多重大的理论发现、科学技术上的发明创造以及科学假说的提出，都得到类比推理的帮助。类比推理还是一种说明问题的方法。可以说，它是一种富有创造性的重要思维形式。从推理的内容看，类比推理有性质类比、关系类比和事理类比。

类比推理的结论不具有必然性，这是因为推理的根据是不充分的。首先，事物之间不仅有共同性，而且也有差异性。如果上述公式中的d属性，恰恰是A对象不同于B对象的属性，则得出“B对象有d属性”的结论就是错误的；其次，在事物的许多属性中，有的是本质属性或固有属性，有的是非本质属性或偶有属性。如果d属性是A对象的非本质属性或偶有属性，也不能把它推移到B对象身上。

为了提高类比推理结论的可靠性，逻辑学提出了一些要求。主要的有：应当列举出对象间尽可能多的共有属性和选择较为本质的属性进行类比；必须以辩证唯物主义的科学世界观和方法论为指导。否则，就容易犯“机械类比”或“庸俗类比”的错误。

诡辩论者在应用类比推理时的诡辩手法是：牵强附会、荒唐比附，故意把根本不同的事物扯在一起进行类比，为某种谬论作辩护。

（2）实例分析

“太阳绕地球旋转”与“上帝创造世界”

在基督教神学中，有的神学家在说明地球是太阳系的中心时，作了这样的论证：

太阳是被上帝创造出来照亮地球的，就像人们总是移动火把去照亮房子，而不是移动房子去被火把照亮一样。因此，只能是太阳绕着地球旋转，而不是地球绕着太阳运行。

还有的神学家为了证明上帝的存在，他们论证说，钟表有它的结构和运动规律，并且钟表都有制造者；世界有它的结构和运动规律，所以，世界也一定有其制造者或创造者，那就是上帝。

上面的两个“证明”都是在“上帝创造世界”的宗教世界观的指导下作出的类比推理，因而不可能是正确的。拿前一个类比来看，根据人们的感觉，似乎是太阳绕地球旋转，但这是个假象，实际情况正好相反。神学家正是利用了这个假象，以太阳照亮地球与移动火把照亮房子的表面相似进行类比，得出“太阳绕地球旋转”的结论。这个类比是不能成立的。因为地球和太阳都在不停地转动（地球除了自转外，还有公转），而房子相对于移动的火把却是不动的。所以，不能把这两种根本不同的情况拿来类比。

后一个类比同样不能成立。因为有结构、有规律和有制造者之间没有必然的联系。任何规律都是客观存在的，没有创造者。人们正是根据物质的机械运动的规律发明了钟表，决不是创造了钟表运动的规律。钟表运动的规律是独立于它的发明者而存在的。

知识链接

什么是“地心说”

“地心说”起源很早，最初由古希腊学者欧多克斯提出，后经亚里士多德、托勒密进一步发展而逐渐建立和完善起来。托勒密认为，地球处于宇宙中心静止不动，从地球向外依次有月球、水星、金星、太阳、火星、木星和土星，它们在各自的轨道上绕地球运转。“地心说”是世界上第一个行星体系模型。在16世纪“日心说”创立之前的1300多年中，“地心说”一直占统治地位。

哲学人物

托勒密：古希腊天文学家、地理学家和光学家。托勒密是“地心说”的集大成者，他的著作《天文学大成》主要论述了宇宙的地心体系，认为地球居于宇宙中心，日、月、行星和恒星都围绕着它运行。该书在中世纪被尊为天文学的标准著作，直到16世纪中期哥白尼的“日心说”发表，“地心说”才被推翻。

9.论证中的诡辩术

(1) 简要概述

逻辑证明简称“论证”，它是引用其他已知为真的判断来确定某一判断真实性的思维过程。任何一个论证都是由论题、论据和论证方式三个要素组成的。

论题就是其真实性需要加以论证的判断。论题是论证的中心思想或基本观点，它回答的是“论证什么”的问题。

论据是用来确定论题真实性的判断。论据是论题的基础，它回答的是“用什么来论证”的问题。

论证方式是论题与论据之间的逻辑关系，是从论据推出论题的推理形式。论证方式是论证的纽带，它回答的是“怎样论证”的问题。

为了保证论证的正确性，逻辑学总结了人类在长期的论证思维中的经验教训，制订了论证的规则，即关于论题的规则、关于论据的规则和关于论证方式的规则。遵守这些规则是作出正确论证的必要条件，违反了这些规则，论证一定是错误的。

诡辩论者违反论证规则的诡辩手法主要有：转移论点；论据虚假；论式错误；预期理由；循环论证；以相对为绝对；抽象议论，回避要害；等等。

(2) 实例分析

白马非马

“白马是马”，这是人人都知道的常识。但是，我国战国时期的一位思想家公孙龙却提出“白马非马”的理论，并且名噪一时。有一天，公孙龙骑着他的白马过关，但被守门的士兵拦住了。士兵说：“按照惯例，人可以过关，但马不可以过。”于是，公孙龙跳下来来，与士兵理论了一番。

他说：“马者，所以名形也；白者，所以名色也。名形者非名色也。故曰：白马非马。求马，黄黑马皆可致。求白马，黄黑马不可致……”意思是说：

"'马'是指名称而言，'白'是指颜色而言，名称和颜色不是一个概念，所以白马不是马。譬如说要马，给黄马、黑马可以，但是如果要白马，给黑马、给黄马就不可以。这证明，'白马'和'马'不是一回事，所以说白马就不是马。"士兵被公孙龙说得云里雾里，只好让他和白马都过关了。

哲学人物

公孙龙：战国时期诸子百家中的名家，以诡辩著称。公孙龙是赵国人，曾多年做平原君的门客。他的著作《公孙龙子》中的《白马论》和《坚白论》是著名的诡辩学代表作，他本人与惠施齐名。

公孙龙的论证过程是这样的：

黄马、黑马是马（我要一匹马，送来黄马、黑马都可以算数）；

白马不是黄马和黑马（我要一匹白马，送来黄马和黑马不可以算数）；

所以，白马不是马。

论证方式就是推理形式。要使论证方式正确，必须遵守有关推理的规则，否则论证方式便是错误的。上面的论证方式是一个直言三段论，但它违反了三段论的这样一条规则："在前提中不周延的概念，在结论中也不得周延。"因为大项"马"这个概念在大前提中作为肯定判断的谓项是不周延的，即大前提并未断定黄马、黑马是所有的马，而在结论中"马"这个概念作为否定判断的谓项是周延

的，即结论断定了白马被排除在所有的马之外。这就违反了上述规则，犯了“大项扩大”的错误，从已有的两个前提中推不出“白马不是马”的结论。

如果从辩证逻辑的角度看，“白马不是马”也是错误的，因为它割断了个别和一般的联系。在辩证逻辑看来，“白马”是个别，它除了具有马的共同属性，还有自己的特殊属性，即“白色的”；“马”是一般，它概括了一切马的共性。列宁在《哲学笔记》中指出，“任何个别（不论怎样）都是一般”，即在个别中包含一般，所以“白马是马”。如果“白马非马”能够成立，则黄马、黑马等都不是马了。这样一来，哪里还有什么马呢？所以说，“白马非马”错在违背了客观事实。

故事中的哲学智慧

任何事物都具有和同类事物相同的“一般”属性，也具有不同于同类事物的“个别”属性。“一般”和“个别”之间相互联系，也有所区别。如果只夸大二者的区别，而否认它们的联系，则不能正确认识事物。用此理论指导实践，更会带来危害。

10.反驳中的诡辩术

（1）简要概述

讨论问题时，如果不同意别人的观点，可以进行反驳。反驳是一种特殊的论证，它旨在论证对方的论题或支持论题的论据是虚假的，或者论证对方使用的论证方式是错误的。要使反驳正确，必须遵守反驳的规则，即反驳应针对对方的论题，不能改换为别的论题；反驳中所用的论据应当是真实的；反驳所用的论证方式应是正确的。

诡辩论者违反反驳规则的诡辩手法主要有：故意歪曲对方的论点；转移论题；人身攻击；错误推导；虚假论据；攻其一点，不及其余；等等。

（2）实例分析

你这个猴子子孙的资格是从哪里得来的

英国伟大的生物学家达尔文于1859年出版了他的名著《物种起源》一书，

这对于宗教世界观是一个极大的威胁。1860年6月28日到30日，英国教会在牛津召开了反对达尔文学说的会议。在这次会议上，一位自负很有“辩才”的主教威尔勃福斯发表了攻击进化论的长篇演说，他的演说暴露了他对达尔文学说的完全无知。然而凭着“辩才”，他的话很动听，不时引起贵妇人们的阵阵哄笑。后来，威尔勃福斯完全离开了议题，对参加这次会议的英国著名生物学家赫胥黎施展恶意的嘲弄。他说：“赫胥黎教授就坐在我的旁边，他是想等我一坐下来就把我撕成碎片的，因为照他的信仰，他本是猴子变的嘛！不过，我倒要问问，你这个猴子子孙的资格是从哪里得来的？与猴子发生关系的是你的祖父这一方，还是你的祖母那一方？”

哲学人物

达尔文：英国生物学家，生物进化论的奠基人。他在动植物和地质方面进行了大量的观察和采集，经过综合探讨，他提出了生物进化的概念。1859年，达尔文出版了震动当时学术界的《物种起源》。

赫胥黎：英国博物学家、教育家。他是第一个提出人类起源问题的学者，在达尔文发表《物种起源》一书后，他竭力捍卫和宣传进化论说，被称为“达尔文的坚定追随者”。

对于这种浅薄无聊的恶语中伤，赫胥黎立即站起来答辩。他庄严地宣称：“达尔文的学说是对自然史现象的一个解释，他的书里充满了证明这个学说的大量事实，没有别的学说能提供更好的对物种起源的解释。”最后，为了维护科学的尊严，他对威尔勃福斯的人身攻击进行了必要的回击：“我断言，我重复断言，要说我起源于弯着腰走路和智力不发达的动物，我并不觉得羞耻；相反，要说我起源于那些自负很有才华，社会地位很高，却胡乱干涉自己所茫然无知的事物，任意抹煞真理的人，那才真正可耻！”赫胥黎的讲话有力地驳斥了主教的胡说八道，博得了听众的热烈掌声，而自负很有“辩才”的威尔勃福斯却已哑口无言。

从逻辑上看，这位主教本来应当反驳的论题是“人类是从猿进化来的”，由于这个论题本身是正确的，他无法反驳。于是，他就把反驳的论题偷换为“每一个人都是猴子生的”，然后进行讽刺、挖苦，甚至对论敌施加卑劣的人身攻击，诉诸厚颜无耻的诡辩。

故事中的哲学智慧

不管什么时候，无知就要甘拜下风。就像威尔勃福斯这样，即使他有很好的口才，但他并不了解进化论，仅用偷换概念的方式对对手进行人身攻击，这是没有用的。要想辩倒对方，就要把对方的一切都了解清楚才行。同样，这个道理也适用于其他任何竞争活动当中。

三、当头棒喝——诡辩破斥术

破斥诡辩是逻辑学与辩证法等思维科学的天然使命，它在保证人们正常的人际沟通中，起着“明是非之分，审治乱之纪，明同异之处，察名实之理，处利害，决嫌疑”（《墨经·小取》）的重要作用。诡辩是思维的陷阱，只有填平这个陷阱，人们相互之间的沟通才会正常有效地进行。

当然，在破斥诡辩的过程中，必备的逻辑学与辩证法等思维科学的知识是必需的，这是知识的准备；坚定的信念是必需的，这是心理状态的准备。除此之外，一定的方法策略也是应该讲究的，这是论辩技巧的准备。

作为知识的准备，我们在破斥任何一个诡辩时，都应该从概念要确定，判断要明晰准确，推理要合乎逻辑、要遵守思维规律等出发，从而明确以下几点：第一，确定诡辩论题中的关键词是什么；第二，将这一关键词所表达的概念的内涵与外延进行确定，明确它的意义和范围是什么；第三，将诡辩论题中的所有概念联系起来，明确这个诡辩论题的意义和在当前情况下所涉及的范围；第四，对这些判断所组成的论证方式进行确定，看它是否遵守了各种推理形式的规则。这样，我们就可以在健全的判断能力基础上，以“清楚的头脑”，大致了解这个诡辩论题“诡”在何处了。

作为心理状态的准备，我们在被诡辩噎住之后，不能就此了之地把它藏在肚里。我们要对任何一个诡辩都有“视如寇仇”的精神，要在思维科学知识的储备基础上，保持冷静的理智，勇于与之唱对台戏，辩明是非。

作为论辩技巧的准备，有“逆驳”“顺驳”“辩证驳”和“不驳”等几种基本策略。

所谓“逆驳”，是指以事实或正确的思维知识来破斥对方的诡辩论题，或破斥诡辩论题赖以成立的论据，或破斥诡辩论题的论证方式。逆驳是破斥诡辩中最为基本的方法策略。

所谓“顺驳”，是指顺着对方的意图，或彰显对方诡辩的荒谬，或使对方陷于自己的诡辩圈套里。“顺”与“逆”之间存在着辩证关系。有时一味地逆驳诡辩不一定能取得满意的效果，此时就不如“反过来看”，“顺驳”反而会取得意想不到的效果。中国古代经典《兵经百篇·顺》即认为：“大凡逆之愈坚者，不如顺以导瑕。”“瑕”意谓瑕疵，在此指明确指出荒谬、矛盾等诡辩者无法接受的结果。

所谓“辩证驳”，是指对具有绝对化倾向的认识，要以辩证的分析昭示真理的具体性；对故意扯向极端的相对主义诡辩，要以辩证的分析揭穿其“诡”之所在。

所谓“不驳”，是指对一些“负气”之争的诡辩，我们有时也可以采取一种点到为止、无须再争的策略。这是因为，论辩不仅仅是思维科学的事情，还涉及心理、伦理的因素。有时，仅靠思维科学的知识而不考虑心理、伦理的因素也是辩不清是非的。

知识链接

《墨经》：战国时期墨家著作《墨子》一书中的重要部分。《墨子》是墨家代表墨翟和他的弟子们编撰完成的，其中包括对自然科学的探究以及政治、经济、建筑、伦理等方面的研究。《墨经》的内容，逻辑学在其中占了很大比例，其次是自然科学，另外还包括一些几何学和力学内容等。

1.针锋相对——用事实说话

这是最基本的逆驳方法。

列宁曾经说过：“如果从事实的全部总和，从历史的联系去掌握事实，那么，事实不仅是‘胜于雄辩的东西’，而且是证据确凿的东西。”因此，“用事实说话”就是直接指出诡辩者的论题或论据不符合事实，是个假判断。它是直接反驳论题或论据的一种方法。

一种观念、一种思想是不是真理，不在于空谈与“巧辩”，而在于它的效果和实践。许多诡辩就只是富于争辩而没有实际效果的空谈与“巧辩”。对于这样的诡辩，有时我们可以按照车尔尼雪夫斯基所说的，“凡是在理论上必须争论的一切，那就干脆用现实生活的实践来解决”，直接指出它违背客观事实，这样就可以直接破斥掉它了。

例如，在“矛盾之说”中，“以子之矛，攻子之盾，何如？”就直截了当地戳穿了卖矛与盾者的诡辩。

又如，我们曾在“信口雌黄”中举出了“无一无二”的诡辩。对于这个诡辩，石动筒就是用事实紧紧逼问：“弟子听说，一个天上不会有两个日头，一个国家不能有两个皇帝，你还能说‘无一’吗？卜有乾坤，天有日月，皇后配天子，这就是二人，你还能说‘无二’吗？”在事实面前，大德法师只能嘿嘿一笑，不好再说什么了。如果他再要诡辩些什么，恐怕就要大逆不道地“犯上”了。

车尔尼雪夫斯基还曾说过：“实践是一切理论的无可争议的试金石，在这个场合也应该让它做我们的指导者。”其实，面对生活中的许多谬误或诡辩，实践所表现的事实，不仅是“试金石”，还是“铁证如山”。因此，在各种案件的诉讼中，“用事实说话”是破斥谬误或诡辩的最有力的武器。

1925年5月，鲁迅与沈尹默等七位教授发表了支持北京女子师范大学学生正义斗争的宣言。不久，当时的教育总长章士钊命令解散该校，并要免除鲁迅的教育部佥事职务。鲁迅愤然而起，以一个区区“科级”向平政院（即行政法院）状告时称“老虎总长”的“部级”。在诉状中，鲁迅指出：第一，按照当时的《文官惩戒条例》，教育总长将免除报告直接呈报段祺瑞，超越了文官高等惩戒委员会

哲学人物

车尔尼雪夫斯基：俄国革命家、哲学家、作家和批评家。18岁时，车尔尼雪夫斯基进入彼得堡大学学习，后潜心研究黑格尔唯心主义哲学和费尔巴哈的唯物主义哲学。在哲学上，他坚持唯物主义立场，认同“凡存在的东西都是物质”，他的哲学著作有《哲学中的人本主义原理》等。

的职权范围，是违反法律程序的行为；第二，我在女师大兼任教员，支持学生是教师行为，不是佥事行为，两种职责不容混淆；第三，你说我勾结捣乱分子，何谓捣乱分子？我又如何勾结？第四，我以教员身份到学校值班，如何能谈得上“盘踞”学校？第五，我担任校务维持会会员是在8月13日，而你对我的免除报告是在8月12日，就算我参与学校的维持会为“有罪”，“罪”还没犯，你怎么可以事先将我免职？第六，我在教育部是主管社会教育的佥事，女师大停办与否，从职守上讲，与我毫无关系，我凭什么要对你陈述意见？最终，鲁迅打赢了这场生平唯一的一场官司。除了他真理在握，具有敢于面对强敌的大无畏的勇气，以及当时的形势是段祺瑞政权正岌岌可危，教育总长也下野在即外，善于运用法律手段，用事实说话，也是鲁迅具有高超的合法斗争的艺术表现。

故事中的哲学智慧

面对上司扣下的“有罪”的帽子，鲁迅没有被对方的强势吓倒，而是针锋相对，拿出更强势的姿态，逐条驳回对方的强权诬断，为自己打赢了官司。看来，真理总是掌握在有理的人手中，只要自己的事实依据站得住脚，就不怕对方官大或者地位高。另外，敢于反驳也是一种勇气，我们需要锻炼这种勇气。

2.明镜鉴形——以知识来判定

这也是逆驳方法之一。

“以知识判定”，是指用正确的思维科学的知识，指出对方的诡辩违背被实践证明是真的科学原理、科学定律、公认规则，从而或是混淆概念，或是偷换概念，或是肆意曲解，或是模糊判断，或是违反思维规律，或是混淆论题，或是转移论题，或是偷换论题，或是从论据推不出论题，或是虚假隐涵，或是不当类比，或是轻率概括，或是虚假预设，或是以相对为绝对等，从而直接破斥对方的诡辩，使其走伏无地。

在某届亚运会上，中国的一名竞走运动员处在第一集团的绝好位置上，夺牌有望，但却被裁判以犯规为名罚下场。事后，中国的另外一名运动员抱怨说：“实际上，竞走项目双脚腾空有时是很正常的，但在大赛中，能真正被判犯规的却极少，这有时是运气，有时则反映了其他方面。”

在大赛中有些裁判员裁判不公是不争的事实，但这名运动员的“竞走项目双脚腾空有时是很正常的”说法不可取。按照竞走比赛规则（公认规则），“双脚腾空”就是犯规，不属于正常范围。这说明，保证严格执法是必须的，调整运动员的心态也是必须的。

知识链接

什么是竞走?

竞走是从日常行走的基础上发展出来的一项运动，它规定竞走者竞走时其支撑腿必须伸直，从单脚支撑过渡到双脚支撑，并且在摆动腿的脚跟接触地面之前，后蹬腿的脚尖不得离开地面，以确保没有出现“腾空”的现象。而“不腾空”也正是竞走与跑步的主要分别。

故事中的哲学智慧

错误就是错误，不管有没有人发现，那依然是错误。所以，无论做什么事，我们首先应该严格要求自己，一切按规则或规章制度来办，就不会被别人挑出错误，也不会错失一些良好的机会。

3.两刃相杀——独立证明法

这也是一种逆驳方法。

汉代思想家王充曾经说过："两刃相割，利钝乃知；二论相订，是非乃见。"（《论衡·案书》）"两刃相杀"即是独立证明与诡辩论题相反的论题为真，从而确定诡辩论题为假。它是间接破斥诡辩论题的方法。其步骤为：

要破斥的诡辩论题：A

设立A的相反论题：非A

独立证明：非A真

根据矛盾律：A假

古有"天打五雷轰"一说。对此，王充在《论衡·雷虚》篇中，提出了"雷者火也"的相反观点，并对此进行了独立证明：

以人中雷而死，即询（考察）其身，中头则须发烧焦，中身则皮肤灼焚，临其尸上闻火气。一验也。

道术之家，以为雷烧石，色赤，投入井中，石焦井寒，激声大鸣，若雷之状。二验也。

人伤于寒，寒气入腹，腹中素温，温寒分争，激气雷鸣。三验也。

当雷之时，电光时见，大（光）若火之耀。四验也。

当雷之击时，或燔（fán烧）人室屋及地草木。五验也。

夫论"雷之为火"有五验，言"雷为天怒"无一效，然则"雷为天怒"，虚妄之言。

王充通过这个"两刃相杀"的独立证明，间接破斥了"雷为天怒"的诡辩。

哲学人物

王充：东汉哲学家。王充年少时即博览群书，善于辩论，曾在太学里学习。王充是无神论者，他的《论衡》是中国历史上一部不朽的无神论著作，共85篇，20多万字。王充在这部书中解释了万物的异同，纠正了当时人们认识错误或有疑惑的地方。

哲学人物

卡尔·波普尔：哲学博士，批判理性主义的创始人。他曾在伦敦经济学院讲解逻辑和科学方法论，也曾当选为英国皇家科学院院士。他认为经验观察必须以一定理论为指导，可证伪性是科学不可缺少的特征，科学知识的增长是通过猜想和反驳发展的，其著作有《科学发现的逻辑》《猜想与反驳》等。

4.以一当百——证伪法

这也是一种逆驳方法。

证伪主义是英国科学哲学家卡尔·波普尔于20世纪30年代提出的一种科学方法论。它与逻辑实证主义的证实原则相对，认为一个科学命题或理论根本不可能被经验所证实，而只能被经验所证伪。因此，可否证性也是区分科学与非科学的界限，可否证的为科学，不可否证的为非科学。例如，“天下乌鸦一般黑”就是可否证的，只要人们发现一只乌鸦不是黑的，这个命题或陈述就是“已证伪”的了。而“天下乌鸦或是黑的，或是非黑的”这种陈述，则是不可否证的，因为没有一个逻辑上的可能的观察陈述来否定它，不管乌鸦是什么颜色的，这句话都是对的。但它对世界具有什么性质，以什么方式行动，都没有给人们提供什么信息，因此没有科学性。

波普尔用证伪主义强调了科学的革命与进化，认为我们是通过试错来学习的。虽然证伪主义对逻辑实证主义把经验主义的可证实性绝对化的批评，对于科学史的研究，对于科学理论的评价，对于科学研究都具有一定的意义，但它又把可证伪性绝对化，同样是错误的。它们都背离了相对真理与绝对真理的辩证关系。真正的科学方法论是证实和证伪的对立统一。

由于证伪主义的逻辑根据是全称判断与单称判断之间的不对称性，而许多诡辩又是以全称判断的形式出现的，所以我们在此“借用”了波普尔的证伪方法，来作为破斥诡辩的一种方法策略。这个证伪法就是举出反例。

亦即，当我们面对一个具有全称判断形式的诡辩时，尤其是面对故意轻率概括的诡辩时，我们应尽可能地搜索有无一个恰当的反例来直截了当地驳斥它。从快速破斥诡辩的目的上讲，这不失为一种符合“思维经济原则”的“奥卡姆剃刀”。在现实生活中，轻率概括的诡辩事例有很多，如对“男人没一个好东西”的证伪。读者可试着分析几例。

知识链接

关于证伪主义的解读

证伪主义由卡尔·波普尔创立，波普尔把科学理论看作是普遍命题，认为科学理论可不断通过有限的、个别的经验事实而被证实。在他看来，一种理论所提供的经验内容愈丰富、愈精确、愈普遍，它的可证伪度就愈大，科学性就愈高。证伪主义对验证科学与非科学具有很高的意义，但并不能被完全遵守。如果科学家严格遵守证伪主义，那世界上被公认的科学理论都不会发展起来。例如，万有引力定律在问世之初，就曾因对月球轨道的观测而证明为伪命题。

5.将错就错——归谬法

这是一种顺驳方法。

在顺驳诡辩的过程中，最常用的就是归谬法了。它以将错就错、以谬制谬的“顺着来”方法，通过先承认被反驳的诡辩论题为真，然后据此必然推出荒谬的结果，从而确定被反驳的论题为假。其步骤为：

要破斥的诡辩论题：A

先假定A真。

由A真引出推断：如果A，那么B。

非B（即B论题荒谬）。

所以，非A。（即A真不成立。充分条件假言推理的否定后件否定前件式）

A真不成立，即A假。

值得一提的是，中国古代的墨子、孟子、庄子等人都是运用归谬法的高手。他们往往通过归谬，推出论敌言行的荒谬，从而破斥了论敌的诡辩。

墨子曾劝阻鲁国攻伐郑国，鲁国国君对墨子说：“你为什么要阻止我攻打郑国呢？我攻打郑国是顺应上天的意志。郑国人屡次杀死他们的君主，上天惩罚他们，让郑国连续三年遭灾。我攻打郑国正是在帮助上天来讨伐郑国呀。”

对此，墨子回答道：郑人三世杀其君，而天加诛焉。使三年不全，天诛足矣！今又举兵将以攻郑，曰："吾攻郑也，顺天之志。"譬有人于此，其子强梁不材（凶蛮、强横，不成器），故其父笞（chī鞭打）之。其邻家之父，举木而击之，曰："吾击之也，顺其父之志。"则岂不悖哉？（《墨子·鲁问》）

在这里，墨子并没有直接破斥鲁国国君的诡辩，而是顺着他的逻辑，举出一个邻家之父帮助鞭打不成器的儿子的事例，以比喻类推的归谬形式，间接道出了鲁国国君"助天行罚"的荒谬。

故事中的哲学智慧

以子之矛，攻子之盾，是驳斥对方最为有效的方法。既然对方言之凿凿，认为自己说得完全正确，那么就先顺应他的说法，再据此推出一个荒谬的结论，这样对方就哑口无言了。

宋国大夫戴盈问孟子说："抽取十分之一的低税率，废除关卡市场的征税，今年还做不到，只能先减少些，等明年再实行，怎么样？"孟子立即用归谬类推进行了反驳：

今有人日（每天）攘（rǎng偷）其邻之鸡者。或告之曰："是（指偷鸡）非君子之道。"（攘鸡者）曰："请损（减少）之，月攘一鸡，以待来年，然后已（停止）。"如知其非义，斯速已矣（立即停止），何待来年（为什么还要等到明年呢）？（《孟子·滕文公下》）

偷鸡与重税这两件事，在"非义"上具有"举相似"的共同属性，无论是每天偷一只还是每个月偷一只，这种"量"上的差别并不能改变其"不义"的"质"；同样，重税也不会因为减少就改变其"不义"的"质"。因此，对于它们只能采取同一种否定的态度，即停止（已）；而不能对其中一个采

故事人物

孟子：战国时代伟大的思想家、教育家、政治家、雄辩家，儒家主要代表之一。在政治上，孟子主张法先王、施仁政，提出"民贵君轻"的思想；在学说上，他推崇孔子，并发展了孔子的思想，加入对儒术的理解。孟子是继孔子之后的儒家主要代表之一，后世将他与孔子合称为"孔孟"。

取否定的态度，对另一个采取貌似否定实质肯定的态度（损之）。

《庄子·外物》中有一则“涸辙之鲋”的论辩：

庄周家贫，故往贷粟（借粮）于监河侯（监管河水的侯王）。监河侯曰：“诺。我将得邑金（封邑的租赋收入），将贷子三百金，可乎？”

庄周忿然作色曰：“周昨（昨天）来，有中道而呼者，周顾视（回头看）车辙（车轮碾过后的小坑洼）中，有鲋（fù）鱼（鲫鱼）焉。周问之曰：‘鲋鱼来，子何为者邪？（鲫鱼，你在这里做什么）’对曰：‘我，东海之波臣（水官）也。君岂有斗升之水而活我哉？（救我一命）’周曰：‘诺。我且南游吴越之王（将到南方去游说吴王越王），激（凿引）西江之水而迎子，可乎？’鲋鱼忿然作色曰：‘吾失我常与（时时同在一起的，指水），我无处所。吾得斗升之水然活耳，君乃言此，曾不如早索我于枯鱼之肆！（还不如早点到卖鱼干的市场上找我）’”

在这个论辩中，庄子的借粮是为了“救急”，而监河侯所答应的借给“三百金”是在“救穷”。但“救急”与“救穷”显然不是同一个话题。监河侯用庄子并不需要的“救穷”取代了庄子急需的“救急”，这是以偷换论题来掩盖自己既不想帮忙又想落个乐善好施名声的嘴脸。其违反同一律的逻辑错误是故意的，其应答的荒谬性也是明显的。庄子根据监河侯的偷换论题，将错就错、以谬还谬地构造了一个与监河侯的诡辩具有同一性且更加荒谬的寓言故事，间接地揭穿了监河侯无情无义的嘴脸。这种揭穿对方偷换论题的归谬类推虽是间接的，但其悲愤的斥责却是直截了当的。

故事中的哲学智慧

庄子不过需要斗米而已，监河侯却许诺给他一个够不着的天大的“馅饼”。所以，庄子忿然作色，用涸辙之鲋来比喻自己，假如等到监河侯拿来三百金，那庄子早就饿死了，要三百金还有何益？对某些虚伪的人，想要揭穿其嘴脸，我们不妨采取庄子的方式。

故事人物

欧阳修：北宋文学家、史学家。他是北宋诗文革新运动的领袖，继承并发展了韩愈的古文理论，主张文以明道，文以致用，反对浮艳华靡的文风。

苏轼：北宋文学家、政治家、书画家，号东坡居士。他创立豪放派词，是豪放派词人的主要代表。在文章上，苏轼的文学观点和欧阳修一脉相承，但更强调文学的独创性、表现力和艺术价值。他的文章风格平易流畅，豪放自如。

颜斶：战国时期的齐国高士。其品行高尚，有远见卓识，所以齐宣王召见他，想让他入仕。但颜斶以返璞归真辞谢而去，得终身不辱。

一次，文学家欧阳修见了大文豪苏轼（苏东坡），说起这样一件事：有个人在乘船时遇上刮大风，因此受了惊吓而得了一场大病。医生问明他得病的原因，用从那艘船的船舵上刮下的木屑配了一味药，这个人喝下这种药后，果然病好了。听了此话，苏东坡揶揄地说道："如果这样用药对头的话，那么喝了笔墨烧成灰的药就可以治昏惰病了，喝了伯夷的洗手水就可以治贪心病了，喝一口比干的残汤剩羹就可以治好拍马屁的病了，舔一舔勇将樊哙的盾牌就可以治胆怯病了，闻一闻美女西施的耳环就可以治皮肤病了。"面对苏东坡推出的同性大谬，欧阳修也只能一笑了之。

6.两权相衡——比较法

比较法也是顺驳方法，它并不直接反驳对方的诡辩，而是提出两个相互反对的判断，然后让对方自己分析比较，决定取舍，从而达到破斥对方诡辩的目的。

《战国策》载有一则齐国处士颜斶（chù）与齐宣王及侍臣的论辩：

齐宣王召见齐人颜斶，说："颜斶，上前来！"颜斶也说："大王，上前来！"听了这话，宣王很不高兴。

左右近臣说："大王是人君，你是人臣；大王说'颜斶，上前来'，你也说'大王，上前来'，这难道可以吗？"

颜斶回答说："我上前是趋炎附势，大王上前是礼贤下士。与其让我趋炎附势，不如让大王礼贤天下士。"

宣王听了怒容满面，说：“是王尊贵，还是士尊贵？”颜斶回答说：“士尊贵，王并不尊贵。”宣王不高兴地说：“你说的可有什么道理吗？”

颜斶说：“有。从前，秦国进攻齐国时，秦王下令说：‘有人敢在柳下季的墓地五十步内砍柴的，判以死罪，不予赦免。’又下令说：‘有人能砍下齐王的头的，得封邑万户，赐金二万两。’由此看来，活王的头还不如死士的墓啊。”宣王听了，没有说话，但是很不高兴。

左右近臣再次责难颜斶，说：“大王拥有万乘之国，天下仁人志士都来齐国侍奉大王，四方诸侯都不敢不服。而一般所谓的高尚之士，不过自称匹夫而已，怎么能与大王相比呢？”

颜斶回答：“不是这样的。古之大禹时代，诸侯有万国。那是由于他们掌握了一套重教化、治国爱民的办法，并且重视士人，善于发挥他们的才能。可是到了现在，称孤道寡的只不过二十四家。由此看来，这难道不是由于‘得士’和‘失士’的政策造成的吗？《易经》上说：‘高高在上的统治者，如果不重视士人，只是一味地喜欢弄虚作假，标榜虚名，必然招致灾祸的降临。’所以，尧有九佐，舜有七友，禹有五丞，汤有三辅。自古至今，不得到士人辅助而能建功立业的君主，从未有过。所以，国君不应该以经常向人请教为耻辱，也不应该以向别人学习而感到惭愧。《老子》中也说：‘贵必以贱为根本，高必以下为基础。所以，侯王自称孤、寡，这不正是贵为贱的根本吗？’尧传位于舜，舜传位于禹，周成王任用周公旦，世世代代都赞扬他们为英明的君主。这正是因为他们深知士人的可贵啊。”

听了颜斶这一番话，齐宣王终于放下姿态，说：“唉，我随便侮辱君子，实在是自讨没趣啊！”宣王想要颜斶做自己的老师，待为上宾。但颜斶跪拜辞谢而去，回归乡里。

对于宣王的不悦和群臣的斥问，颜斶先后举出了两组对比：一是人臣追慕权势和君主礼贤下士；二是活君主与死士墓的不同待遇。从第一组两个判断来看，我们很容易得出君主礼贤下士比人臣追慕权势更能让宣王声誉大增。所以，颜斶说“大王，上前来”并不能说是犯上，而是照顾宣王的声誉。而第二组两个判断，颜斶借此说明了士比君主更尊贵，并从后面的广泛论述中，讲明君主重士，才能一直做君主，做个贤明的君主，否则会招致灾祸，落得个国破家亡的下场。

宣王本想在颜斶面前摆摆君主的架子，被颜斶这样一说，幡然醒悟，终于明白了君主不能恣意妄为，要礼贤下士的道理。在这里，颜斶就充分运用了比较反驳的技巧，否则，别说向宣王进谏了，他那“以下犯上”的要求一定会让他掉了脑袋。

故事中的哲学智慧

贵以贱为根本，高以下为基础。这是颜斶告诉齐宣王的道理。在同宣王和众侍臣的对话中，颜斶运用辩证思维，说明了贵贱、上下、君臣之间相互依靠、衬托、转化的辩证关系，解除了宣王对他的责难，也达到了他进谏的目的。从这个故事中，我们要明白的是：无论何时都不能盲目自大，我们要牢记“谦虚使人进步，骄傲使人落后”的道理。

7.引君入彀——顺势逆辩法

顺势逆辩法也是顺驳方法，它是根据对方提出的论点所形成的态势，借题发挥，以表达自己的看法和观点，并给予对方反驳，使之转势为被动。这种顺驳表面上似乎是在顺应对方的话题，但真实的意图却或是以隐含的话意破斥对方的诡辩，或是借势破斥对方的诡辩。

故事人物

晏子：春秋后期齐国政治家、思想家、外交家。晏子以“生活节俭、谦恭下士”著称，历任齐灵公、齐庄公、齐景公三朝的卿相，辅政长达60余年。晏子能言善辩，善于辞令，对内辅佐国政，屡谏齐君；对外出使不受辱，捍卫了齐国的国格和国威。

《晏子春秋》中记载有一则晏子的论辩故事。

齐景公喜欢射猎。一次，他叫大臣烛邹亲自照料射猎用的鹰。可是几天后，这只鹰竟然飞跑了。齐景公大怒，下令要杀掉烛邹。晏子知道这件事后，马上去见齐景公。他对齐景公说：“烛邹失职，该杀。他有三条罪状，请让我一一给他指出来，谴责了他之后再杀他，好让他死个明白。”齐景公欣然应允。于是，晏子把烛邹召到齐景公面前，怒气冲冲地列数着他的“罪状”：“烛邹，你犯了死罪，罪状有三条：你给大王养鹰，却把让它飞跑了，这是第一条罪状；你让大王为一只鹰而杀人，这是第二条罪状；你使诸侯听见这件事而认为我们君王重视鹰而轻视人，这是第三条罪状。不杀不行！大王，我说完了，请您杀了他吧。”

而此时的齐景公已是面红耳赤，他明白了晏子的意思。于是，他干咳了一声，说：“算了，把他放了吧。”之后，齐景公走到晏子面前，拱手说：“若不是您的开导，我险些犯了大错误呀!”

在这则论辩中，晏子似乎始终站在齐景公一边，支持齐景公杀死烛邹。实际上却恰好相反，他以谴责烛邹的姿态出现，一声声批在烛邹身上，但其逆辩的话语锋芒却一声声刺在齐景公的心头。在“重鹰轻人”与“重人轻鹰”这一关系到国君声誉的大是大非问题上，被逼入死角的齐景公当然不肯让自己声名狼藉。同时又由于晏子的这个批评委婉而含蓄，齐景公也自然乐得借坡下驴。

故事中的哲学智慧

当别人的行为出格或者执拗于做某件错事时，如果直言对方不对，那只会让矛盾升级，达不到劝解的目的。我们可以学学晏子的做法，先顺着对方说，然后夸大对方这么做会出现的结果，达到荒谬的地步，让对方自己明白自己的错误。这样的劝解既不会让对方反感，又会达到事半功倍的效果。

有则笑话：一对夫妻吵架后，丈夫气愤地说：“你该记住，无论什么时候，男人的思考总是对的，判断准确无误。而女人却恰恰相反。”妻子听后马上回答：“是呀，你选我做妻子是绝对正确的，而我选你做丈夫是大错特错的。”这也是采取了顺势逆辩的方法，貌似顺着来，实质是要破斥对方的诡辩。

在顺势逆辩时，应该注意在承接对方的话题时要抓住关键，恰当适度地将态势扭向不利于对方的方向。在语言运用技巧上，要恰如其分地改变原意，使对方无言以对。

8.以迂为直——避角法

避角法是用在破斥二难诡辩时的顺驳方法，即避开对方二难推理顶来的两个犄角，重新构造一个与对方结构相同的二难推理，却推出与对方相反的结论，从而把对方顶过来的犄角再顶回去。

《郁冈斋笔尘》中有一则故事：

甲问乙：“吾予子千金，子敬事我乎？”乙答曰：“吾有千金矣，何为敬事乎？”甲又问：“吾不予子千金，子敬事我乎？”乙答曰：“子不予我金，我为何敬事乎？”甲又问：“吾与子中分千金，子敬事我乎？”乙答曰：“中分之，则我与子等耳，何为敬事乎？”

这个故事实际上包含着三难推理。

我有千金，我用不着敬事你；$p \to s$；

不给我千金，我为什么敬事你；$q \to s$；

咱俩各有五百金，我也不应当敬事你；$r \to s$

或者我有千金，或者你不给我千金，或者平分千金；$p \lor q \lor r$

所以，我总是用不着敬事你。s

尊敬不尊敬，除了金钱的标准外，还有其他的标准。但在这则故事中，甲的“敬事”与否却是纯粹以金钱利益为标准，于是乙就按此归谬，重新构造一个以金钱利益为标准的反二难，将对方顶过来的犄角又顶了回去。

又据《前汉演义》记载，当项羽击败汉兵，进逼广武，与刘邦夹涧而屯兵之后，为了逼迫刘邦与他决战，他采用了一个激将的办法：项羽将刘邦的父亲刘太公抓获，置于俎上，并推至涧旁，厉声大呼：“汝若不肯出降，我便烹食汝父。”面对此景，刘邦陷于“二难”：

如果出战，则会全军覆没；

如果不出战，则父亲就要丧命；

或者出战，或者不出战；

总之，或者全军覆没，或者父亲丧命。

这时，张良献了一个计策，叫刘邦也对项羽喊话说：“我与项羽同事义帝，约为兄弟，我翁就是汝翁。必欲烹汝翁，请分我一杯羹。”意思是说：我跟你结为兄弟，我父亲也是你父亲。如果你执意要烹煮你的父亲，请分我一杯羹。项羽听了刘邦此言，怒不可遏，但因叔父项伯有言，激将之计终于未能得逞。

在这里，刘邦就是运用了避角

法，与自己的“二难”相联系，找出对方的“二难”所在，重新构筑与对方的关系，然后把自己从“二难”中解脱出来，逼对方进入“二难”境地，使其无法施展其计策。

知识链接

楚汉之争：西楚霸王项羽与汉王刘邦两大集团之间为争夺政权而进行的一次大规模战争。该战争自公元前206年开始，至公元前202年结束，历时四年，双方经历了还定三秦、项羽平齐、彭城之战、荥阳之战、广武对峙等诸多战役，互有胜负，最终以项羽败亡，刘邦建立西汉王朝而结束。

故事中的哲学智慧

在现实生活中，我们常常会遇到进退两难的境况，无论是进还是退都不会产生好的结果。这个时候，不要惊慌，也不要坐以待毙，试着跳出圈外看问题，多从对手或其他人身上找突破口，也许很快你就能找到解决问题的好办法。说不定，你还能用利用自己的困境成功制胜呢。

9.壁上反观——辩证驳

如前所述，真理是具体的，辩证的认识是要求发现“真理只有在同一和差异的统一中，才是完全的”。此即为《墨经·大取》所说的：“断指以存腕，利之中取大，害之中取小也。害之中取小也，非取害也，取利也。其所取者，人之所执也。遇盗人，而断指以免身，利也；其遇盗人，害也。”但如果过分地强调事物的同一或差异，对活生生的矛盾现象采取一种绝对的取舍态度，都可能使辩证的认识超越了一定的“度”，从而使现实的矛盾现象归于沉寂，窒息为僵死的东西。因此，当我们面对绝对地肯定或否定客观事物的矛盾现象时，我们不妨“从反面看”，以辩证的思维方法破斥绝对相对主义或绝对绝对主义的认识谬误或诡辩。

一段时间以来，人们对网吧的看法非议颇多。当有学生猝死于网吧，当有网吧发生火灾时，人们对于网吧的谴责更是铺天盖地，各地“关闭网吧、停业整顿”的消息也见诸报端。更有个别人士还要求在全国范围内取缔网吧。一时间，

网吧成了众矢之的，其前途命运岌岌可危。

诚然，现今网吧存在的问题很多，如容易让青少年沉湎于网络游戏，或让他们浏览黄色、反动内容，或无休止地聊天等。主张取缔论者大概认为，这些负面效应是网吧本身固有的东西，且不会消除。如果真是这样，那么取缔网吧还不算彻底，还应该进一步取缔互联网，进而取缔电脑，取缔现代科技……干脆“鸡犬之声相闻，民至老死不相往来”算了。这实在是一种“因噎废食”的绝对相对主义否定论。

对于这种论点，我们可以辩证地反驳。

不可否认，网吧存在着负面效应，但这些负面效应不是网吧本身固有的东西，而是由于管理不到位所产生的问题。并且网吧也的确给现代社会带来许多正面效应，如学习网络技术、了解各种知识、交换信息情报、促进人际沟通等。因此，从利弊对比上看，网吧的存在也是合理的。问题在于，我们如何消除其“弊”并张扬其“利”。

网络技术是现代科技的产物，网吧是市场经济的产物。现代科技所附带的问题由现代科技解决，市场经济所产生的问题由市场规则解决。因此，面对“死”的网吧，真正完善、规范对网吧的有效“活”管理，才是理智决策的题中之义。

在这些方面，北京有关部门在一家名为“蓝极速”的网吧发生纵火事件一个月后，与首批30家网吧签署了“禁止未成年人入内，禁止吸烟，营业时间不早于8时晚于24时”等条款的承诺书，并批准它们恢复营业。在网吧业出现最早的上海，最近已经出现了“有效控制，连锁经营”的行业形态，开始走规模化、连锁化、特色化的发展道路。其最大的连锁经营网吧“上海东方网点连锁管理有限公司”投资千万元开发的“中央管理平台”，平时就像一个聪明的“公仆”，为每一个接入平台的终端提供强大的技术支持和资源配置，而在必要时刻，它又能成为一种控制手段，俨然一个“严厉的管家”。与此同时，天津有关部门则出台了“青少年安全放心网吧”标准，管理部门将同网吧业主签订“青少年安全放心网吧”承诺书；建立网吧举报热线；建立青少年上网巡视和提醒制度等。

这些事实说明，正确对待网吧的态度不应是将其一棍子打死，而应是通过制定合情合理的规章制度，以真正严格有效的科学管理，从严审批，加强管理，严格执法，因势利导，坚决封杀“黑网吧”，从严查处违法网吧，让市场规则来选择那些合法经营的网吧，这才是对待一个新生事物的辩证的态度。

故事中的哲学智慧

任何新生事物都可能带来或利或弊的双面影响，如果只看到其负面效应，而否认其正面效应，一律采取扼杀措施，就会阻碍新生事物的发展，进而影响社会的进步。所以，不论是对国家、社会而言，还是对个人而言，都不应片面地看问题，出现问题时，想办法靠人的力量解决问题，才是正确的方法论。

10.三十六计走为上——不驳

三十六计最后一计为“走为上”。解语为：“全师避敌，左次无咎，未失常也。”意谓军队扎营或左边或右边，要根据情况而定，并没有违背行军的常道。

论辩也是如此。论辩本是论证是非的，但有些诡辩，或是无理取闹，或是负气而辩。此时，避开胡搅，不跟着蹚浑水的“走为上”也不失为一种策略。因此，有时面对负气者，不要舍不得终止辩论，此时，“不驳”也是一种正确的方法策略。

有一则古代笑话：

有个人说“不管三七二十八”，旁边一人赶忙加以纠正：“不对，应是‘不管三七二十一’。”这一位死犟，一口咬定“三七二十八就是三七二十八”。那一位也当仁不让，“三七二十一”是万古不变的铁定道理。两人为此争辩不休，一直吵到县衙门。县官听了这番争吵的来龙去脉，便喝令打“三七二十一”二十大板。“三七二十一”大喊冤枉，说“打错了”。县官说：“没有打错。他都‘三七二十八’了，你还和他争什么？”

人际沟通的谈说论辩，不仅仅涉及思维科学的问题，还涉及谈说论辩的态度或伦理原则的规定。因此，它不是“彼争者，均者之气也”（《荀子·尧问》），不是那种“不恤是非，不论曲直，以期胜人为意”的“役夫之知”（《荀子·性恶》）。所以，在“君子必辩”中，古代圣贤荀子要求要以一种“仁心”“学心”“公心”的恢弘大度，坚持以理服人，虚心听讲学习，坚持真理，主持公道，采取“辩而不争”（《荀子·不苟》）的态度。其正确的做法就是以“告之示之”（《荀子·荣辱》）的方式；要有“言必当理”（《荀子·儒效》）的内容；而且还应当符合客观实际，“凡论者，贵其有辩合，有符验”（《性恶》）。

因此，在与诡辩者论辩的过程中，不能先自已情绪化起来。故而所谓的“不争”，也就是不“斗气”，要心平气和地以理服人。如果一味争强好胜，不“辩”出个所以然来不算好汉，则往往会失去破斥诡辩本身的晓谕是非的目的，或者是离开原来的是非十万八千里。因此，在破斥诡辩的过程中应做到：第一，方式正确；第二，内容合理；第三，不能情绪化。

上述这个笑话给我们的启示是，在破斥诡辩的过程中也有一

哲学人物

荀子：名况，战国时期赵国人，著名的思想家、文学家、政治家。荀子是儒家代表人物之一，对儒家思想有所发展，在孔子和孟子提出的“仁”“义”基础上，又提出“礼”和“法”。荀子还提倡性恶论，认为人性本恶，需要用礼法来教化，以使人格提高。

个适时适地的伦理态度问题，即“原则问题不让步，枝节问题不纠缠”。所谓“原则问题不让步”，是为了辩明是非道理；所谓“枝节问题不纠缠”，是指在破斥诡辩的过程中，对无碍于论证是非道理的旁枝末节，大可不必死纠硬缠，此时不妨一笑置之，采取一种“沉默是金”的态度。这是因为，论辩一旦情绪化，往往会纠缠于所论辩问题的旁枝末节，“辞辩而无统”（《荀子·非相》），不但忘掉了论辩的真正目的是什么，而且还会常常使论辩的问题水流山转，失去定向。所以，“斗气”式的“论争”是情绪化的表现，不但于辩明是非无益，而且只会表明气度狭小。因此，荀子告诫我们：“有争气者，勿与辩。”（《荀子·劝学》）

基于此，当我们面对“三七二十八”式的诡辩者时，“不驳”反而是上策了，这也可以体现出破斥诡辩中的辩证态度。

故事中的哲学智慧

跟那些认知完全错误而又执迷不悟的人进行辩论，无异于对牛弹琴，这时最好的做法是闭上嘴，保持沉默。不辩而辩，让对方在错误认知的指导下碰到大麻烦，他就自会知道自己的错误所在。否则，无论你怎样告诉他，他都不会认为自己是错的，不过徒费口舌而已。

第三节
进退两难作抉择
——悖论探析

生活中经常会出现一些悖论，悖论的出现往往是因为人们对某些概念的理解认识不够深刻、正确所致，其成因极为复杂，对它们的深入研究具有重要意义。本节通过几个小故事，列举了几种生活中常见的悖论，并总结出破解这些悖论的方法。

一、什么是悖论

在两千多年来的人的思维发展史中，有一个“幽灵”不断缠绕着人们，这就是引起众多哲人的注意，并使许多人为之倾其毕生心血的难题——悖论。“悖论”的“悖”字，据《辞源》解：“‘悖’，背理也，乱也，逆也，惑也。”故“悖论”也称作“逆论”“反论”。“悖论”（paradox）一词常见诸报端，其字面意思为“荒谬的理论或自相矛盾的话”。从逻辑上看，悖论性的语句具有这样的特征：如果假定这个语句为真，那么会推出这个语句为假；反之，如果假定这个语句为假，又会推出这个语句为真。说它对也不是，不对也不是，真让人左右为难。

悖论在实质和渊源上可归溯于

哲学。从古希腊、中国先秦时期到现代的数学、逻辑学等众多学科中，已经发现了各种各样的悖论。悖论不仅是数学、逻辑学、哲学、拓扑学、计算机科学、思维科学等多学科专家共同探讨的课题，也是现代语言哲学的研究内容。当今，悖论所揭示的不确定性和矛盾成为跨学科研究的难题，对于各学科悖论问题的深入研究，需要从哲学高度揭示悖论产生的认知根源，进一步探究科学认知对象和认知主体的复杂性。悖论的意义很丰富，它包括一切与人的直觉或日常经验相抵触的理论、观点或论断。当遵循着一条无懈可击的推理思路往前走，结果发现自己陷入矛盾之中，这就是悖论的特点。悖论不仅涵盖了逻辑学、概率论、数论、几何学、统计学等多门学科，还表现出跨学科的特点。

知识链接

《辞源》：我国第一部大规模的语文辞书。它始编于1908年，之后又经历了续编和修订，凝聚了几代学者的心血。该书收录了古代汉语、一般词语、常用词语、成语、典故，以及各种术语、人名、地名、书名、文物、典章制度等内容，修订版更是内容丰富，融词汇、百科于一体，既具有工具性和知识性，又具有可读性。

二、日常生活中的悖论

1.唐 · 吉诃德悖论

小说《唐 · 吉诃德》里描写过一个国家，它有一条奇怪的法律，那就是每个旅游者都要回答一个问题：“你来这里做什么？”回答对了，一切都好办；回答错了，就要被绞死。一天，一个旅游者回答：“我来这里是要被绞死。”旅游者被送到国王那里。国王苦苦想了好久：他回答得是对还是错？究竟要不要把他绞死？如果说他回答得对，那就不要绞死他——可这样一来，他的回答又成了错的了！如果说他回答错了，那就要绞死他——但这恰恰又证明他回答对了。实在是左右为难！

知识链接

《唐·吉诃德》：西班牙作家塞万提斯的著作，也是文艺复兴时期的现实主义巨著。这部长篇小说塑造了一个可笑、可叹、可悲又可敬的人物堂·吉诃德，堂·吉诃德幻想自己是一位骑士，并仿效骑士四处游历，做出了许多令人啼笑皆非的事情，他是幽默文学中一个不朽的典型。

2.梵学者的预言

一天，梵学者与他的女儿苏椰发生了争论。苏椰："你是一个大骗子，爸爸。你根本不能预言未来。"学者："我肯定能。"苏椰："不，你不能。我现在就可以证明它！"苏椰在一张纸上写了一些字，折起来，压在水晶球下。她说："我写了一件事，它在3点钟之前可能发生，也可能不发生。请你预言它究竟是不是会发生，在这张白卡片上写下'是'字或'不'字。要是你写错了，你就答应我现在就买辆汽车给我，不要拖到以后好吗？""好，一言为定。"学者在卡片上写了一个字。3点钟时，苏椰把水晶球下面的纸拿出来，高声读道："在下午3点以前，你将写一个'不'字在卡片上。"学者在卡片上写的是"是"字，他预言错了。"在下午3点以前，写一个'不'字在卡片上"这件事并未发生。但如果他在卡片上写的是"不"呢？也还是错！因为写"不"就表示他预言卡片上的事不会发生，但它恰恰发生了——他在卡片上写的就是一个"不"字。苏椰笑了："我想要一辆红色的赛车，爸爸，要带斗形座的。"

知识链接

"梵学者的预言"这条悖论最早的形式是关于一台计算机，这台计算机用红灯亮表示"是"，绿灯亮表示"不"。它被要求用回答"是"或"不"来预言下一次亮的是不是它的绿灯。很明显，要它预言正确，在逻辑上是不可能的。后来，美国科普作家马丁·加德纳在他的《选自"科学美国人"的新的数学游戏》中将这条悖论改编为与梵学者打赌的形式。

3.想不到的老虎

公主要和迈克结婚，国王提出一个条件："亲爱的，如果迈克打死这五个门后藏着的一只老虎，你就可以和他结婚。迈克必须顺次序开门，从1号门开始。他事先不知道哪个房间里有老虎，只有开了那扇门才知道。这只老虎的出现将是料想不到的。"迈克看着这些门，对自己说道："如果我打开了四个空房间的门，我就会知道老虎在第五个房间。可是，国王说我不能事先知道它在哪里，所以老虎不可能在第五个房间。""第五个房间被排除了，所以老虎必然在前四个房间内。同样的推理，老虎也不会在最后一个房间——第四间内。"按同样的理由推下去，迈克证明老虎不能在第三、第二和第一个房间。迈克十分快乐，他满怀信心地去开门。使他惊骇的是，老虎从第二个房间跳了出来。迈克的推理并没有错，但他失败了。老虎的出现完全出乎意料，表明国王遵守了他的诺言。也许，迈克进行推理的本身就与国王关于老虎"料想不到"的条件发生了矛盾。迄今为止，逻辑学家对于迈克究竟错在哪里还未取得一致意见。

故事中的哲学智慧

迈克的故事告诉我们：即使再严密的推理也会出现与事实相悖的时候，因为未发生的事情还没有成为既定事实，就会有出人意料的可能。所以，凡事不要过于依赖推理，也许在推理的最初，就已经发生了错误。

4.钱包游戏

史密斯教授和两个学生一道吃午饭。教授说："我来告诉你们一个新游戏。把你们的钱包放在桌子上，我来数里面的钱。钱少的人可以赢掉另一个人钱包中的所有钱。"学生甲想："如果我的钱多，就会输掉我这些钱；如果他的多，我就会赢多于我的钱。所以赢的要比输的多，这个游戏对我有利。”同样的道理，学生乙也认为这个游戏对他有利。请问，一个游戏怎么可能对双方都有利呢？

5.一块钱哪儿去了

一个唱片商店里，卖30张老式硬唱片，一块钱两张；另外30张软唱片是一块钱三张。那天，这60张唱片卖光了。30张硬唱片收入15元，30张软唱片收入10元，总共是25元。第二天，老板又拿出60张唱片。他想：“如果30张唱片是一块钱卖两张，另30张是一块钱卖三张，何不放在一起，两块钱卖5张呢？”这一天，60张唱片全按两块钱5张卖出去了。老板点钱时才发现，只卖得24元，而不是25元。这一块钱到哪儿去了呢？

6.惊人的编码

外星科学家基塔先生，来到地球收集人类的资料，他遇到了赫尔曼博士。

赫尔曼：“你何不带一套大英百科全书回去？这套书最全面地汇总了我们地球上的所有知识。”

基塔：“可惜，我带不走那么重的东西。不过，我可以把整套百科全书编码，然后只要在这根金属棒上作个标记，就代表了百科全书中的全部信息。”

真是再简单不过了！基塔先生是怎样做到的呢？基塔说：“我先把每个字母、数字、符号，都用一个数来代表，零用来隔开它们。例如，cat一词就编为3-0-1-0-22，我用高级袖珍计算机快速扫描，就能把百科全书的全部内容转变为一个庞大的数字。前面加一个小数点，就使它变成了一个十进制的分数，如0.201515011……”基塔先生在金属棒上找到了一个点，这个点将棒分为a和b两段，而a/b中刚好等于上面那个十进制分数值。基塔又说：“回去后，测出a和b的值，就求出了它们的比值。根据编码的规定，你们的百科全书就被破译出来了。”这样，基塔离开地球时只带了一根金属棒，但他却已“满载而归了”！

知识链接

《大英百科全书》：又称《不列颠百科全书》，是当今世界上最知名也是最权威的百科全书。1771年，《大英百科全书》在苏格兰爱丁堡首次出版，之后不断修订。它由世界各国、各学术领域的著名专家学者为其撰写条目，书中囊括了对人类知识各重要学科的详尽介绍，和对历史及当代重要人物、事件的翔实叙述，其学术性和权威性为世人所公认。

7.不可逃遁的点

帕特先生沿着一条小路上山。他早晨七点动身，当晚七点到达山顶。第二天早晨，他沿同一小路下山，晚上七点又回到山脚，并遇见了拓扑学老师克莱因。克莱因："帕特，你可知道你今天下山时走过这样一个地点，你通过这点的时刻恰好与你昨天上山时通过这点的时刻完全相同？"帕特："这绝不可能！我走路时快时慢，有时还停下来休息。"克莱因："当你开始下山时，设想你有一个替身同时开始登山，这个替身登山的过程同你昨天登山时完全相同。你和这个替身必定要相遇，我不能断定你们在哪一点相遇，但一定会有这样一个点……"帕特明白了，你明白了吗？

8.橡皮绳上的蠕虫

橡皮绳长1公里，一条蠕虫在它的一端。蠕虫以每秒1厘米的稳定速度沿橡皮绳爬行，而橡皮绳每过1秒钟就拉长1公里。如此下去，蠕虫最后究竟会不会到达终点呢？乍一想，随着橡皮绳的拉伸，蠕虫离终点越来越远了。但细心的读者会想到：随着橡皮绳的每次拉伸，蠕虫也向前挪了。如果用数学公式表示，蠕虫在第n秒末在橡皮绳上的位置，表示为整条绳的分数就是（推导过程从略）：1/1000(1+1/2+1/3+……+1/n)。当n足够大（约为e^100000）

时，上式的值就超过了1，也就是说蠕虫爬到了终点。

三、生活中的悖论破解法

悖论，是一种奇特的逻辑矛盾。悖论的奇特之处在于当人们按常规推理要肯定某件事或某种道理时，却在不知不觉之间又把它们否定了。在论辩中，某些论敌的辩辞往往有意无意会含有悖论的因素，此时，论辩者如能慧眼明察，加以利用，并以此为突破口，巧妙地予以破解，必使论敌难以自圆其说而被击败。这就是论辩中的“悖论破解法”。“悖论破解法”，一般说来有以下三种：

1.用自我涉及方法使对方作茧自缚

一般的悖论，如果不涉及对方自我，往往不易发现其悖谬。而一旦把对方牵涉进去，则悖论立现。用对方自我涉及的方法来使对方作茧自缚，是破解对方悖论的绝妙方法。某评论家评论另一位作家的作品时，武断地说：“您怎么能这样写呢？您已是第三次在作品里作这样的描写了。难道您不知道‘第一个把女人比喻成花的人是天才，第二个是庸才，第三个是蠢才’这句名言吗？”作家答道：“是的，您说得很对。不过您已经是第七次使用这句话了。”评论家听了，立即面红耳赤，哑口无言。

在这里，评论家引用名言来批评作家屡次在作品中作相同的描写，作家及时抓住评论家多次用此名言去批评别人的把柄，让对方陷入自我设计的尴尬境地。如果对方所讲的道理成立，那么，对方就是名言中所说的“庸才”或者“蠢才”。如此，对方只好无言以对了。

故事中的哲学智慧

以其人之言，还堵其人之嘴，这是故事中作家对付评论家的绝妙方法。这也告诫我们，在批评别人之前，先检查自己有无过失，即使批评也要中肯，不要搞人身攻击，否则很容易被对方抓住把柄，反成为被对方嘲笑的对象。

2.用二难推理形式揭穿对方悖论的逻辑错误

凡是悖论，都隐含着自相矛盾的逻辑错误，破解对方的悖论，可以运用逻

辑中的二难推理形式揭穿对方悖论的自相矛盾，对对方悖论构成夹击钳制之势，使对方陷入进退两难，难以自圆其说之境地。有些诡辩学者主张“辩无胜”，对此，一位哲学家反驳道：“你们既然和人辩论，又主张‘辩无胜’之说，那么，请问，你们的‘辩无胜’之说是对的呢，还是不对的呢？如果你们的说法是对的，那就是你们辩胜了；如果你们的说法是不对的，那就是你们辩败了，而别人辩胜了。由此可见，不是你们辩胜，就是别人辩胜，怎么能说‘辩无胜’呢？”

在这里，哲学家慧眼识谬，机智地运用了逻辑中的二难推理形式，揭穿了对方“辩无胜”的矛盾，让对方自己打自己的耳光。

3.用肯定其美言的方式，揭露对方言行相悖

在现实生活中，有的人说话冠冕堂皇，然而其所作所为，离其所讲的差距很大，这是一种言行相悖的悖论。在论辩中，如果遇到这种情况，可以先极力肯定、赞美对方所说的美言，再以其美言反衬其丑行，达到揭露其心口不一、言行相悖的目的，使其不得不收敛自己的丑行。

春节将至，某局长助理到下属单位找到该单位负责人，暗示该单位负责人在

年终时到局里拜拜年，其实是想让对方给局里送点礼。这位下属单位负责人很明白他的意思，但推辞说年终工作忙，暂时去不了。该助理却进一步明示，他说："我来时局长说了，下属单位给我们送一点点，我们收一点点，但我们也要给上面送一点点，这样，我们局里的事就好办一点点，请你们还是要多多理解。"

话已到此，该单位负责人只好说："你说局长说了这些话，我没有亲耳听到。可是上次局里开廉政会议，我亲耳听到局长讲话要求大家要抵制不正之风，要反腐倡廉，局长还说要做好表率。你今天说是局长讲的这些话，我感到和他在廉政会议上讲的正好相反，我们到底是按他在会上讲的还是按你传达的去执行呢？是否打电话请示一下局长？"说着，他就要去取电话。该助理见状，急忙说："别，别！就算我白来一趟。"说完，他悻悻地走了。

在这里，这位下属单位的负责人以其人之道，还治其人之身，当对方打出局长旗号时，他便用局长在廉政会议上的冠冕堂皇的话来揭穿对方言行相悖的做法，终使对方悻悻离去。

故事中的哲学智慧

做人要言行一致，表里如一，这样才能得到别人的尊重和认可。如果说一套，做一套，即使你位高权重，别人也不会买账。而且这种做法早晚会被人揭穿，让自己落得个难堪的下场。

校园悖论故事

1.有一位调皮捣蛋的学生屡犯校规，终于有一次被校长当场"擒获"。

校长把他领到办公室罚站。学生站在那里噘起嘴巴鼓着气。

校长："别不服气，你若有一丁点正确的地方，我也不会惩罚你。"

学生："校长，你会惩罚我，这句话正确吗？"

校长考虑良久："你……还是……回去上课吧。"

2.哲学课上，哲学老师在上面滔滔不绝，A君在下面窃窃私语。

老师把他叫起来问："你为什么在上课时说话？"

A君："老师，你也在说话。"

老师："我是老师，我在讲课。"

A君："老师可以讲话，学生不可以吗？"

老师："我没有剥夺你讲话的权利，但在我上课的时候不可以。"

A君："那假设您叫我回答问题，我该不该说话呢？"

老师："我不会叫你回答问题的，你能一边回答问题，一边窃窃私语吗？你是不是只有一张嘴？"

满座皆笑，A君尴尬落座，还不忘瞪老师一眼。

老师笑道："真是块又臭又硬的石头。"

A君闻听此言，又迅速站起："您记得公孙龙的'坚白石论'吧，我要么是臭石头，要么是硬石头，怎么能又臭又硬呢？"

"坚白石论"恰好是上节课讲过的，当时老师还侃侃而谈，极力推崇。听到A君如此问法，其他学生禁不住为老师捏了一把汗。

谁知老师不怒反笑："你还很用心听我的课，这是我最高兴的，如果我所教的都是你这样的好学生，那该多……"

闻听老师示弱，A君自觉赚足脸面，于是欣然落座。

岂料这时老师正色道："诸君可曾听过公孙龙的'白马非马'，白马既然不是马，好学生怎能算是学生？何况学生之意，以学为生，如此不尊师，不重道，初遇诋毁即先戾气，稍闻赞誉即沾沾自喜，略懂皮毛便卖弄于人前，怎能做一名合格的学生……"

老师话未说完，A君已面红过耳、大汗淋漓……

故事中的哲学智慧

学知识要深究吃透，不但要知其一，还要知其二、其三，这样才能灵活运用。若像故事中这位上课讲话的学生一样，略懂"坚白石论"的皮毛，就在老师面前卖弄，当然会败于下风。不管什么时候，都不能有自得自满的情绪，时刻明白自己的不足，虚心求教才是做学生以至做人的根本。

下　篇

感悟哲理——开启心灵之窗

爱情·婚姻·生活

有一天，柏拉图问他的老师苏格拉底："什么是爱情？"苏格拉底就让他先到麦田里去，摘一棵全麦田里最大、最金黄的麦穗来，其间只能摘一次，并且只可向前走，不能回头。

于是，柏拉图按照老师说的去做了。结果，他两手空空地走出了田地。老师问他："为什么摘不到最大最金黄的麦穗？"

他说："因为只能摘一次，又不能走回头路。即使见到最大、最金黄的麦穗，因为不知前面是否有更好的，所以没有摘；走到前面时，又发现总不及之前见到的好，原来最大、最金黄的麦穗早已错过了。于是我什么也没摘到。"

老师说："这就是爱情。"

之后又有一天，柏拉图问他的老师："什么是婚姻？"他的老师就叫他先到树林里，砍下一棵全树林最大最茂盛、最适合放在家作圣诞树的树。其间同样只能砍一次，以及同样只可以向前走，不能回头。

柏拉图于是照着老师说的去做了。这次，他带了一棵普普通通、不是很茂盛、亦不算太差的树回来。老师问他："怎么带这棵普普通通的树回来？"他说："有了上一次的经验，当我走了大半的路程还两手空空时，看到这棵树也不算太差，便砍下来，免得错过了之后，最后又什么也带不出来。"

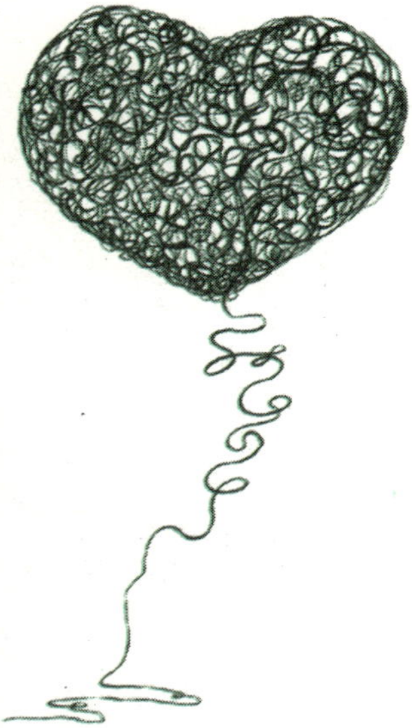

佛说，与你无缘的人，你与他说再多的话也是废话。与你有缘的人，你的存在就能惊醒他所有的感觉。

老师说："这就是婚姻。"

又有一天，柏拉图问苏格拉底："什么是外遇？"苏格拉底还是叫他到树林走一次，可以来回走，在途中要取一支最好看的花。

柏拉图又充满信心地出去了。

两个小时后，他精神抖擞地带回了一支颜色艳丽但稍稍蔫掉的花。

苏格拉底问他："这就是最好的花吗？"

柏拉图回答老师："我找了两个小时，发觉这是盛开得最美丽的花，但在我采下带回来的路上，它就逐渐枯萎了。"

这时，苏格拉底告诉他："那就是外遇。"

又有一天，柏拉图又问苏格拉底："什么是生活？"

苏格拉底还是叫他到树林走一次，可以来回走，在途中要取一支最好看的花。

柏拉图有了以前的教训，又充满信心地出去。

过了三天三夜，他也没有回来。

苏格拉底只好走进树林里去找他，最后发现柏拉图已经在树林里安营扎寨。

苏格拉底问他："你找着最好看的花了么？"

柏拉图指着身边的一朵花说："这就是最好看的花。"

苏格拉底问："为什么不把它带出去呢？"

柏拉图回答老师："我如果把它摘下来，它马上就会枯萎。即使我不摘它，它也迟早会枯萎。所以我就在它还盛开的时候，住在它旁边。等它凋谢的时候，再找下一朵，这已经是我找到的第二朵最好看的花。"

这时，苏格拉底告诉他："你已经懂得生活的真谛了。"

第一节
心理效应，人际关系巧协调

心理效应是某种人或事物的行为或作用引起其他人或事物产生相应变化的因果反应或连锁反应。正确地认识、了解、掌握并利用心理效应，对人们的生活、工作具有非常重要的作用和意义。

一、首因效应

人与人在第一次交往中给对方留下的印象，会在对方的头脑中形成并占据着主导地位，这就是首因效应，或第一印象效应。当人们第一次与某人或某物相接触时，会在脑海里留下深刻的印象，人们通常会根据这“第一印象”输入的信息来综合推导这个人或这件事物是什么样的。也就是说，第一印象将影响人们对人和事物的认知。第一印象的作用最强，持续的时间也长，甚至会误导人们正确认识人和事物。

首因效应是美国心理学家洛钦斯提出的。1957年，洛钦斯做了一个实验，通过两个杜撰的故事证明了首因效应的存在。两个故事中，故事A描述了学生詹姆热情而外向，故事B则描述了学生詹姆冷淡而内向。他将这两个故事进行了排列组合：第一种是故事A放在前面，故事B放在后面；第二种正好与第一种相反；第三种只展示故事A；第四中只展示故事B。洛钦斯将这几种不同的故事组合分别拿给一些中学生看，并让他们评价詹姆的性格。结果表明，阅读第一种故事组合的学生中，有78%的人认为詹姆热情而外向；阅读第二种故事组合的学生中，只有18%的人认为詹姆性格外向；而阅读第三组故事的学生中，有95%的人认为詹姆性格外向；阅读第四组故事的学生中，只有3%的人认为詹姆性格外向。

哲学人物

洛钦斯：美国社会心理学家，他以提出首因效应而闻名。此外，洛钦斯还论证了近因效应的存在。近因效应是指当人们识记一系列事物时，对末尾部分的记忆效果要优于对中间部分的记忆。一般来说，对于陌生人，首因效应的作用比较大；而对于熟悉的人，则近因效应的作用比较大。

这个实验足以证明第一印象对认知的影响。在首因效应中，对情感因素的认知常常起着十分重要的作用。人们通常喜欢那些首次接触就流露出友好、大方、随和情感的人，并期待与之下一次接触。而首次交往表现呆板或言语刻薄的人，则通常不太会受欢迎。

其实，在社会中，很多人都在运用首因效应。比如，为官者总是很注意烧好上任之初的“三把火”；初次面试者总要精心打扮，力图给考官留下良好的“第一印象”……

第一印象主要由性别、年龄、衣着、姿势、面部表情等“外部特征”构成。一般情况下，除了外貌、体态、衣着打扮等能反映一个人的外在形象之外，其谈吐和行事作风更能反映出这个人的内在素养和其他个性特征。所以，一个暴发户，不管他怎么刻意修饰自己，也难有世家子弟的优雅，他在举手投足间就会“露出马脚”，因为文化的浸染是装不出来的。

心理效应解读

要想给别人留下好印象，就必须在第一次接触时注意自己的穿着打扮、言行举止等，尤其是对于求职或升学面试的人来说，外在形象绝对不能忽视，因为第一印象往往影响着考官对你的判断。但第一印象总是片面的，有时会产生误导。而在生活中，我们要了解一个人，还需要经过长时间、多次的接触，而不能以貌取人，更不能仅凭第一印象就下结论。

二、责任扩散效应

在本书的上篇中，我们讲华盛顿合作定律时，就提到了“责任扩散效应”，即“旁观者效应”。这个效应是怎么来的？我们再来重温一下这个带血的故事吧。

1964年3月13日夜3时20分，在美国纽约郊外某公寓前，一名年轻女子刚刚结束酒吧间的工作，正走在回家的路上，但不幸遇到了想杀害她的人。当时，她绝望地喊叫：“有人要杀人啦！救命啊！救命！”听到喊叫声，附近的不少住户都亮起了灯，打开了窗户，凶手被吓跑了。当一切恢复平静后，凶手又返回作案。年轻女子又叫喊时，附近的住户又打开了电灯，凶手又逃跑了。当她认为已经无事，走到自己楼下，准备上楼时，凶手又一次出现在她面前，将她杀死在楼梯上。在这个过程中，尽管她大声呼救，而且她的邻居中至少有38位到窗前观看，但没有一个人来救她，甚至没有一个人打电话报警。这件事引起了纽约社会的轰动，也引起了社会心理学工作者的重视和思考。人们把这种众多的旁观者见死不救的现象称为责任扩散效应。

对于责任扩散效应形成的原因，心理学家进行了大量的实验和调查，结果发现：这种现象不能仅仅说是众人的冷酷无情，或道德日益沦丧的表现。因为在不同的场合，人们的援助行为确实是不同的。当一个人遇到紧急情况时，如果他的身边只有一个人在场，那么，在场的这个人就会清醒地意识到自己的责任，对受难者给予帮助。而如果有许多人在场的话，帮助求助者的责任就由大家来分担，这样就造成责任扩散，每个人分担的责任很少，旁观者甚至可能连他自己的那一份责任也意识不到，从而产生一种“我不去救，由别人去救”的心理。

心理效应解读

如果一个人总想着：“反正会有别人去做，我做不做都没关系”，把自己的责任推得一干二净，那么总有一天，祸事会降临到他的头上。作为社会的一员，我们要敢于承担起属于自己的那份责任。只要人人有社会公德心、责任心，我们的社会就会越来越美好。

三、晕轮效应

俄国著名的大文豪普希金曾因晕轮效应的作用吃了大苦头。他狂热地爱上了被称为“莫斯科第一美人”的娜坦丽，并且和她结了婚。娜坦丽容貌惊人，但与普希金志趣不同。每次，当普希金把写好的诗读给她听时，她总是捂着耳朵说：“不要听！不要听！”相反，她总是要普希金陪她游乐，出席一些豪华的晚会、舞会。普希金为此不仅丢下创作，弄得债台高筑，最后还为她决斗而死。一颗文学巨星，就这样过早地陨落了。在普希金看来，一个漂亮的女人也必然有非凡的智慧和高贵的品格，然而事实并非如此。这种现象被称为“晕轮效应”。

晕轮效应是指人们对他人的认知和判断首先是根据个人的喜恶得出的，然后再从这个判断的基础上推论出认知对象的其他品质。在20世纪20年代，该效应就由美国心理学家爱德华·桑戴克论证提出。桑戴克认为，人们对其他人的认知和判断往往是从

故事人物

普希金：俄国文学家，伟大的诗人、小说家，现代俄国文学的创始人。普希金创立了俄国民族文学和文学语言，在诗歌、小说、戏剧乃至童话等文学领域都给俄罗斯文学树立了典范。他的主要作品除了诗歌外，还有长篇小说《上尉的女儿》，中篇小说《杜布罗夫斯基》《别尔金小说集》等。他是19世纪俄国浪漫主义文学的主要代表，也是现实主义文学的奠基人，被誉为“俄国文学之父”。

局部出发，进而扩散而得出整体印象的，这个过程也常常以偏概全。假如一个人被认为是好的，他就会在无形中被一种积极肯定的光环所笼罩，同时也被赋予一切好的品质；假如一个人被认为是坏的，他就会被一种消极否定的光环所笼罩，同时也被赋予各种坏的品质。这就好像日月的光辉，在云雾的作用下扩散到四周，其实光环不过是日光或月光的扩大化而已。据此，桑戴克把这一心理现象称为“晕轮效应”，也叫作“光环作用”。

另外一位心理学家曾做过一个这样的实验：他准备了一些照片，照片上的人有的很有魅力，有的魅力一般，有的则完全没什么魅力。他把这些照片拿给被试者看，然后让他们评价照片上的人还有哪些与魅力无关的特点。结果，照片上显示有魅力的人比无魅力的人被更多地赋予了一些理想的人格特征，如和蔼、沉稳、好相处等。这也是典型的晕轮效应的体现。人们往往“以貌取人”，尤其是对不熟悉的陌生人，其相貌、衣着、初次言谈等常常决定了他们在别人心目中的才能、品德等方面的定位。

有时候，晕轮效应在人际关系中会产生积极作用。比如，一个人做事认真，待人诚恳，即使他能力不那么强，别人也会信任他，相信他能把事情办好。但晕轮效应的最大弊端就是以偏概全。比如，有的老年人对青年人的个别缺点，如衣着打扮、生活习惯等看不顺眼，就认为他们一定没出息；有的青年人由于倾慕朋友的某一可爱之处，就会把他看得处处可爱，真所谓爱屋及乌。

心理效应解读

当我们肯定或否定某一个人时，总会夸大他的好处或否定他的全部，这会影响我们对这个人的正确认知。其实，“金无足赤，人无完人”。每个人都有自己的优点，也有自己的缺点，我们不能以偏概全，认定某个人全都好或者全都坏。

只有正视每个人的优缺点，才有利于我们与之合作或者和谐相处。

四、霍桑效应

霍桑效应也叫霍索恩效应，是指由于受到额外关注而引起绩效或努力上升的情况，它是以美国心理专家乔治·埃尔顿·梅奥为首的研究小组于20世纪20～30年代提出的概念。霍桑是美国西部的一家电气公司，梅奥等研究人员对该公司的工作条件、社会因素和生产效益的关系进行了一系列实验，从而提出了著名的“霍桑效应”。

实验的第一阶段是从1924年11月开始的，内容是研究工作条件（诸如照明强度、湿度等工作环境）和生产效益的关系，该实验设实验组和控制组。实验结果表明，不论是提高或降低照明度，实验组产量都增加，而且照明度不变的控制组产量也增加。另外，在改善了工资报酬、工作休息时间、每日工作长度和每周工作天数等因素之后，也看不出这些工作条件对生产效益有何直接影响。

第二阶段的实验是由梅奥教授亲自领导的，着重研究社会因素与生产效率的关系。这次研究发现，生产效率的提高主要是由于被实验者在精神方面发生了巨大的变化。比如，参加实验的工人被置于专门的实验室并由研究人员领导，其社会状况发生了变化，受到各方面的关注，从而形成了参与实验的感觉。这些工人觉得自己是公司里重要的一部分，从社会角度方面，他们得到了激励，从而促进了产量增加。

以前，企业管理人认为金钱是刺激积极性的唯一动力，而霍桑实验证明人是“社会人”，是复杂的社会关系中的成员。要调动工人的积极性，还必须从社会、心理等方面去努力。人们所需要的满足感，不只包括金钱

哲学人物

乔治·埃尔顿·梅奥：哈佛大学教授，社会心理学家。1933年，他发表了《工业文明的人性问题》一书，正式创立了管理学的人际关系学说。在对霍桑工厂进行的研究实验中，梅奥发挥了巨大的作用，从而完成了霍桑效应的论证和问世。

方面，大部分人需要的还是感情上的慰藉，如安全感、和谐和归属感等。所以，当人们在感情上被肯定了，被重视了，就会努力工作，这跟工作条件是否得到改善关系不大。

心理效应解读

当我们受到周围人的关注，特别是肯定的关注时，学习和工作的效率就会大大提高。这也告诉我们，要学会和同学、老师相处，得到他们的关注和赞赏，这样会让我们更加自信，从而不断取得进步。同时，我们也要学会肯定自己，你认为自己是什么样的人，你就能成为什么样的人。

五、习得性无助实验

“习得性无助”是美国心理学家马丁·塞利格曼于1967年在研究动物时提出的。当时，他用狗做了一项实验。实验第一阶段，塞利格曼把狗关在笼子里，只要蜂音器一响，就给狗施以电击。狗被关在笼子里，根本逃避不了电击，只能在笼子里狂奔，并惊恐地哀叫。多次实验之后，只要听到蜂音器一响，狗就趴在地上哀嚎，但却不再狂奔了。后来，实验者在电击前把笼门打开，并按响了蜂音器，但这时狗不但不逃，相反不等电击出现就开始倒地哀嚎和颤抖。它本来有逃跑的机会，但却只是绝望地等待着痛苦的到来。

狗为什么不逃跑呢？这是因为经过多次努力，它知道逃跑是无用的，反复的电击已经让它产生无助和绝望的情绪。也就是说，它认识到，无论自己做什么，都不能控制电击的终止，对于外界的控制，它

哲学人物

马丁·塞利格曼：美国心理学家，著名的临床咨询与治疗专家，积极心理学的创始人之一。塞利格曼主要从事习得性无助、抑郁、乐观主义、悲观主义等方面的研究，曾获美国应用与预防心理学会的荣誉奖章，并因为在精神病理学方面的研究成果而获得该学会的终身成就奖。1998年当选为美国心理学会主席。

没有能力改变，从而产生了一种无助感。而且，在实验中，狗还表现出其他方面的缺陷，如感到沮丧和压抑、主动性降低等。

1975年，塞利格曼再次在一些大学生身上做实验。他把学生分成三组：第一组学生听一种噪音，并且无论如何他们也阻止不了这种噪音；第二组学生也听这种噪音，不过他们通过努力可以使噪音停止；第三组学生不听噪音。

当三组学生在各自的条件下进行了一段时间的实验后，他们又接受了另一项实验：实验装置是一个"手指穿梭箱"，当学生把手指放在穿梭箱的一侧时，就会听到强烈的噪音，而放到另一侧时，则听不到噪音。结果表明，后两组学生都能把手指移到箱子的另一边，从而使噪音停止；而第一组学生却仍然把手指停在远处，任凭刺耳的噪音响下去，也不会把手指移到箱子的另一侧。

这个实验表明，在人身上也会产生习得性无助效应。因而，塞利格曼等人总结：习得性无助就是指人或动物经历了某种学习后，在情感、认知和行为上表现出消极的、特殊的心理状态。

人如果产生了习得性无助，就会产生一种深深的绝望和悲哀。因此，我们在学习和生活中，应让自己的眼界再开阔一点，看到事件背后的真正决定因素，而不要让自己陷入绝望。

心理效应解读

当我们遭遇了一次又一次失败之后，就会像实验中那条绝望的狗一样，沮丧而又失落，认为自己能力不足，无可救药。其实，事实远非我们想得那么坏，只要我们时刻准备，坚持努力，就一定还有成功的机会。所以，抛开"习得性无助"的心理状态，相信自己，无论遭遇多少次打击，都要给自己继续尝试的勇气和信心。要相信，曙光终有一天会到来。

六、罗森塔尔效应

美国心理学家罗森塔尔等人于1968年做过一个著名实验。他们来到一所小

哲学人物

罗森塔尔：美国社会心理学家，加利福尼亚大学教授。罗森塔尔的主要研究内容是人际期望，即一个人对另一个人行为的期望本身将导致该期望成为现实。此外，他还对非言语交流有所研究。

学，在一至六年级各选三个班的儿童进行“预测未来发展的测验”，然后，实验者将认为有“优异发展可能”的学生名单通知教师。其实，这个名单并不是根据测验结果确定的，而是随机抽取的。它是以“权威性的谎言”暗示教师，从而调动了教师对名单上的学生的某种期待心理。8个月后，实验者再次进行智能测验的结果发现，名单上的学生的成绩普遍提高，教师也给了他们良好的品行评语。这个实验取得了奇迹般的效果，人们把这种通过教师对学生心理的潜移默化的影响，从而使学生取得教师所期望的进步的现象，称为“罗森塔尔效应”，习惯上也称为“皮格马利翁效应”（皮格马利翁是古希

腊神话中的塞浦路斯国王，他对一尊少女雕像产生了爱慕之情，他的热望最终使这尊雕像变为一个真人，两人结为夫妻）。

教育实践也表明：如果老师喜爱某些学生，就会对他们抱有较高的期望，经过一段时间之后，学生就会感受到教师对自己的关怀、爱护和鼓励，并常常以积极的态度对待老师、对待学习以及对待自己的行为，也会变得更加自尊、自信、自爱、自强，诱发出一种积极向上的激情，所以，这些学生常常会取得老师所期望的进步。相反，那些受到老师忽视、歧视的学生，久而久之，就会从老师的言谈、举止、表情中感受到教师的“偏心”，就有可能产生逆反心理或厌学心理，就会以消极的态度对待老师、对待自己的学习，不理会或拒绝听从老师的要求。因此，老师对学生的态度，也是影响一个人心态和人格发展的重要因素，这也给老师敲响了警钟。

心理效应解读

赞美、信任和期待具有一种神奇的能量，它能改变一个人的行为和自我定位。当一个人得到另一个人尤其是他尊敬的人的赞美和信任时，他便增强了自我价值的肯定，变得更加自尊、自信，进而获得一种积极向上的动力，并能尽力达

到对方期待的良好状态。这也告诉我们，你期望什么，你就会得到什么，即使没有别人的赞美，自己也要赞美自己。只要充满自信地期待，并为之积极努力，就一定能达到自己所期待的高度。

七、齐加尼克效应

因工作压力导致心理上的紧张状态，被称为“齐加尼克效应”。该效应源于法国心理学家齐加尼克做的一次实验。齐加尼克将受试者分成两组，分别去完成20项工作。其间，他对其中一组进行了干预，使他们的工作不能顺利完成，而让另一组毫无阻碍，最终顺利完成全部工作。尽管所有受试者接受任务时都非常紧张，但顺利完成任务者紧张状态随之消失，而未能完成任务者，思绪总是被那些任务所困扰，紧张状态持续存在。

心理学研究发现，人在接受一项工作时，会产生一定的紧张心理，只有当任务完成时，紧张感才会解除。在科学技术飞速发展的当代社会，大多数脑力劳动者的工作节奏日趋紧张，心理负荷也日益加重。并且，在实际工作中，他们大多是还未完成一项工作，就要接受另一项工作，往往是几项工作叠加在一起来完成。脑力劳动是以大脑的积极思维为主的活动，一般不受时间和空间的限制，是持续不间断的活动，所以“白领”们通常是形式上已经下班了，但实际上还在思考问题，大脑并没有得到休息，紧张情绪也没有得到缓解。比如，文字编辑在下班后仍会考虑组稿、排版等问题；医务人员在离开医院后还会想着当天或第二天的手术问题等……那些尚未解决的问题或未完成的工作，会一直纠缠在他们的休息时间里，让他们得不到身心的放松。

相关人物

本杰明·哈里森：美国第23任总统。他受到良好的教育，毕业于迈阿密大学，毕业后从事律师职业。任职总统后，哈里森顺应潮流，制定了旨在稳定局势、防止社会动荡的《谢尔曼反托拉斯法》。对外，哈里森积极扩大美国影响，组织召开了第一届泛美会议，成立泛美联盟。哈里森政府还与许多国家签订了贸易互惠协定。

我们必须承认，生活中有压力。有些压力是良性的，它能让我们积极振作起来。但如果压力过大，人们感到自己无法控制这种压力时，则往往会导致齐加尼克效应，使人们感到身心疲劳。而长期精神负担过重，则会引起头痛、头昏、失眠、多梦、记忆力衰退等症状，即医学上所说的“神经衰弱”。另外，如果人总是处于紧张情绪中，还会导致身体处于亚健康状态。

1888年，美国第23届总统竞选之日，候选人本杰明·哈里森很平静地在等候最终的结果。他的主要票仓在印第安那州。印第安那州的竞选结果宣布时已经是晚上11点钟了，一个朋友给他打电话祝贺，却被告知哈里森在此之前早已上床睡觉了。

第二天上午，那位朋友问他为什么睡那么早。哈里森解释说：“熬夜并不能改变结果。如果我当选，我知道我前面的路会很难走。所以不管怎么说，休息好不失为是明智的选择。”

哈里森的做法为我们避免齐加尼克效应提供了较好的注解。

休息是明智的选择，因为工作会带来压力。哈里森明白这一点，但他也许不知道，自己所要对付的，实际上是因工作压力所导致的心理上的紧张状态。

所以，我们在紧张工作或紧张学习的过程当中，一定要尽量保持精神上的愉悦，把追求当作一种享受，而不是苦行，这样我们才能保持高效率，才能保证身心健康。

心理效应解读

生活中总会有压力，不管是学习上的压力还是工作上的压力，它们总会伴随在我们每天的日子里。我们要做的就是将压力控制在可掌握的范围之内，不让其成为我们精神的魔咒。平时，我们要合理安排学习和工作时间，制订目标也要实事求是，并适当给自己留有余地。当感觉压力过大时，要学会给自己减压，适当做些体育活动，使自己的身心得到放松。

八、蔡戈尼效应

“蔡戈尼效应”，又称“蔡格尼克记忆效应”，是指人们天生有一种办事有始有终的驱动力，人们之所以会忘记已完成的工作，是因为完成的欲望已经得到满足；如果工作尚未完成，完成欲没有得到满足，就会使他对此留下深刻的印象。

1927年，心理学家蔡戈尼做了一个实验：他将受试者分为甲乙两组，同时演算相同的数学题。其间，实验者让甲组顺利演算完毕，而让乙组在演算中途突然停止。然后，他让两组受试者分别回忆演算的题目，结果是乙组的回忆效果明显优于甲组。这是因为那种未完成的不爽经历深刻地留存于乙组受试者的记忆中，让他们久搁不下。而已完成的甲组受试者，“完成欲”得到了满足，所以便轻松地忘记了任务。

实验证明，很多人与生俱来就有一种追求完美的强迫倾向。要做的事一日不完结，便一日不得解脱。对大多数人来说，蔡戈尼效应是推动我们完成工作的重要驱动力。但它也会使人走入两个极端：一个是过分强迫，这类人面对任务非得一气呵成，不完成便死抓着不放手，甚至偏执地将其他任何人或事物置身事外；另一个是驱动力过弱，做任何事都拖沓啰唆，这类人时常半途而废，总是不把一件事情完全完成后再转移目标，永远无法彻底地完成一件事情。

这两类人都需要调整他们的完成驱动力，尤其是前者。一个人的驱动力过强，可能会导致生活太过紧张和狭窄，没有节奏。而在工作方面，不做完工作不罢休的人则会变成工作狂。兴趣一旦变得狂热，就很可能让人把自己固定在一份没有前途的工作上，或者让工作代替了生活的全部。对于这类人，只有减弱他们的完成驱动力，才能让他一面做事一面享受人生的乐趣。而对于驱动力过弱的人，则可以采用激励和施压的方式，帮助其提高办事效率。

心理效应解读

在实际生活中，我们要学会用自己的价值观标准来衡量要做的事情。如果你发现它不值得去做，就要勇敢地放弃，以免过强的完成驱动力让你在无谓的工作上浪费精力。而如果你有拖沓的毛病，那么就要强化你的意志力，做任何事，不要总想着我还有时间去做，总给自己等待的借口。要做，就马上行动，这样才能帮助你走向成功。

相关人物

莎士比亚：英国文学史上最杰出的戏剧家，也是西方文艺史上最杰出的作家之一。他流传下来的作品有38部戏剧、155首十四行诗和其他诗歌，其中，《哈姆雷特》《罗密欧与朱丽叶》《李尔王》等是他的著名戏剧。自17世纪始，莎士比亚的戏剧传入欧洲诸国，然后渐及美国乃至世界各地，对各国戏剧的发展都产生了巨大、深远的影响。

九、罗密欧与朱丽叶效应

莎士比亚的名剧《罗密欧与朱丽叶》描写了罗密欧与朱丽叶的爱情悲剧。他们相爱很深，但由于两家是世仇，感情得不到家里其他成员的认可，双方家长百般阻挠。然而，他们的感情并没有因为家长的干涉而有丝毫的减弱，反而相爱更深，最终双双殉情而死。

在现实生活中，我们也常常见到这种现象，父母的干涉非但不能减弱恋人们之间的爱情，反而会使他们的感情得到加强。父母的干涉越多，反对越强烈，恋人们相爱就越深，这种现象被心理学家称为“罗密欧与朱丽叶效应”。

心理学家的研究还发现，越是难以得到的东西，在人们心目中的地位越高，价值越大，对人们越有吸引力；而轻易得到的东西或者已经得到的东西，其价值往往会被人们所忽视。

为什么会出现这种现象呢？这是因为人们都有一种自主的需要，都希望自己能够独立自主，而不愿意成为被人控制的傀儡，一旦别人越俎代庖，代替自己作出选择，并将这种选择强加于自己身上，当事人就会感到自己的主权受到了威胁，从而产生一种抗拒心理，排斥自己被迫选择的事物，同时更加喜欢自己被迫失去的事物。也就是说，别人越不想让我干什么，我就越想干什么；别人越想让我干什么，我就越不想干什么。用一句话表示就是：反其道而行之。正是这种心理机制导致了罗密欧与朱丽叶的爱情故事一代代地不断上演。

另外，这种现象也可以从维持认知平衡的角度来解释。一般情况下，人们对自己的行为都是从内外两个方面去寻找解释理由的，当外在理由消失后，人们就会从内部去寻找依托。刚刚恋爱的两个人渴望接近对方，一是因为双方内在的情感因素，二是因为外在亲朋好友的支持。如果做父母的采取简单、粗暴的态度对二人的恋爱行为加以否定，便削弱了恋爱的外在理由，于是，他们只好把内在的情感因素升级，以使自己对恋爱行为的认知重新达到平衡的状态。这便导致了本来爱得没那么深的两个人，却因父母的反对而产生了非要在一起的想法。而这种以非理智方式缔结的婚姻，一般都不会太幸福，多半会以悲剧收场。

罗密欧与朱丽叶效应也可以用来解释中学生早恋的现象。中学生正处于青春年少的叛逆阶段，有自己的独立意识，也喜欢与异性交往。因为个性互补和好奇心，异性交往会给他们带来更大的满足感。这本是一种很正常的朋友关系，但一些家长和老师却疑神疑鬼，甚至明确反对自己的孩子或学生与异性交往。这种做法激起了中学生的逆反心理，更容易让他们误把友情当成爱情，误以为陷入爱河。其实，如果采取静观其变的态度，也许他们依然会在正常的学习和生活的轨道上行走，而不会出现偏差。

心理效应解析

对于年轻的我们来说，不要一味排斥父母的意见。虽然他们的想法可能与我们的想法不一致，采取的方式也不太合理，但也许他们的意见对我们的人生更有帮助。我们采纳了，就会少走一些弯路。对于父母而言，则要尽量尊重孩子的决定，发现错误要循循善诱，积极引导，让孩子自己发现错了，而不要简单地说“不”，否则只会起到适得其反的效果，让事情朝更坏的方向发展。

十、权威效应

美国的心理学家们曾经做过一个实验：在给某大学心理学系的学生们讲课时，向学生介绍一位从外校请来的德语教师，说这位德语教师是从德国来的著名化学家。实验中，这位“化学家”煞有其事地拿出了一个装有蒸馏水的瓶子，说这是他新发现的一种化学物质，有些气味，请在座的学生闻到气味时就举手，结果多数学生都举起了手。对于本来没有气味的蒸馏水，为什么多数学生都认为有气味而举起了手呢？

这是因为有一种普遍存在的社会心理现象——“权威效应”。所谓“权威效应”，就是指说话的人如果地位高，有威信，受人敬重，则他所说的话就容易引起别人的重视，并相信其正确性，我们通常所说的“人微言轻，人贵言重”，就是这个道理。

在现实社会当中，“权威效应”是普遍存在的。这首先是由于人们有“安全心理”，即人们总认为权威人物往往是正确的楷模，服从他们会使自己具备安全感，增加不会出错的“保险系数”；其次是由于人们有“赞许心理”，即人们总认为权威人物的要求往往和社会规范相一致，按照权威人物的要求去做，会得到各方面的赞许和奖励。

在现实生活中，利用“权威效应”的例子很多，如做广告时请权威人物赞誉某种产品，在辩论说理时引用权威人物的话作为论据等。在人际交往中，利用“权威效应”，还能够达到引导或改变对方的态度和行为的目的。

心理效应解读

相信权威人士说的话，有时确实能指导我们的生活，让我们的生活更合理、更健康。但权威并不等于真理，我们绝不能迷信、盲从权威，对权威人士说的话都不加思考地相信。无论什么时候，我们都应该有自己的判断和理解。如果经过检验，发现权威人士说的是错误的时候，我们也要勇于对权威人士说“不”。

第二节
心理寓言，做命运的掌控者

人生之路不是一帆风顺的，我们总会遇到一些障碍和挫折，如工作不顺心、与人交往不顺利、沉迷于不该沉迷的事物、放不下应该放弃的感情等。如何化解这些痛苦和烦恼？本节的七个心理寓言小故事，为你一一道来。

一、成长的寓言：做一棵永远成长的苹果树

一棵苹果树生长了多年，终于结果了。

第一年，它结了10个苹果，9个被拿走，自己得到1个。对此，苹果树愤愤不平，于是自断经脉，拒绝成长。第二年，它结了5个苹果，4个被拿走，自己得到1个。“哈哈，去年我得到了10%，今年得到20%！今年比去年翻了一番。”这次，苹果树的心理平衡了。

其实，它还可以如之前那样继续成长。譬如，第二年，它结了100个果子，被拿走90个，自己得到10个。

很可能，它被拿走99个，自己得到1个。但没关系，它还可以继续成长，第三年结1000个果子……

其实，得到多少果子不是最重要的。最重要的是，苹果树在成长！等苹果树长成参天大树的时候，那些曾阻碍它成长的力量都会微弱到可以忽略不计。真的，不要太在乎果子，成长才是最重要的。

【心理点评】你是不是一个已自断经脉的打工族？

刚开始工作的时候，你才华横溢、意气风发，相信“天生我材必有用”。但现实很快敲了你几下闷棍，或许，你为单位做了大贡献却没人重视；或许，你只得到口头重视但却得不到物质奖励；或许……总之，你觉得自己就像那棵苹果树，结出的果子自己只享受到了很小一部分，与你的期望相差甚远。

于是，你愤怒，你懊恼，你牢骚满腹……最终，你决定不再那么努力，让自己的所做去匹配自己的所得。几年过去后，你一反省，发现现在的你，已经没有刚工作时的激情和才华了。

“老了，成熟了。”我们习惯这样自嘲。但实质是，你已停止成长了。

这样的故事，在我们身边比比皆是。

之所以犯这种错误，是因为我们觉得自己已经成长过了，现在是到该结果子的时候了。但我们忘记了生命是一个历程，是一个整体，我们太过于在乎一时的得失，而忘记了成长才是最重要的。

好在，这不是金庸小说里的“自断经脉”。我们随时可以放弃这样做，继续走向成长之路。

如果你是一个打工族，在遇到不懂管理、野蛮管理或错误管理的上司或不能认同的企业文化时，那么，提醒自己一下，千万不要因为激愤和满腹牢骚而“自断经脉”。不论遇到什么事情，都要做一棵永远成长的苹果树。

哲学物语

如果一个人总是对得失斤斤计较，那么计较的越多，失去的也就越多。其实，得与失都是从两方面来看的，有些得到是失去，有些失去是得到。放开心胸，看淡物质方面的失去，你可能会在精神层面得到更多。即使你什么也没得到，但至少你的心灵在成长，这比什么都重要。

二、动机的寓言：孩子在为谁而玩

一位老人喜欢清静，专门搬到一个人少的地方居住。可是没过多久，一群孩子总到他家门前嬉闹，叫声连天。几天过去，老人实在是难以忍受。

于是，他走出家门，给了每个孩子25美分，并对他们说："你们让这儿变得很热闹，我觉得自己也年轻了不少，这点钱给你们，表示一下我的谢意。"

孩子们很高兴，欣然接受了老人的钱。第二天，他们又来了，一如既往地嬉闹。老人再出来，给了每个孩子15美分。他解释说，自己没有收入，只能少给一些。孩子们想，15美分也还可以吧。他们拿了钱，仍然兴高采烈地走了。

第三天，孩子们又来了。这次，老人只给了每个孩子5美分。

这一次，孩子们勃然大怒。他们对老人说道："一天才5美分，知不知道我们多辛苦？我们才不干呢！"他们向老人发誓，再也不会为他玩了！

【心理点评】你在为谁而"玩"？

这个寓言是苹果树寓言的更深一层的答案：苹果树为什么会"自断经脉"？因为它不是为自己而"玩"。

人的动机分两种：内部动机和外部动机。如果按照内部动机去行动，我们就是自己的主人。如果驱使我们行动的是外部动机，那我们就会被外部因素所左右，成为它的奴隶。

在这个寓言中，老人的办法很简单，他将孩子们的内部动机"为自己快乐而玩”变成了外部动机“为得到钱而玩”，而他操纵着钱这个外部因素，所以也操纵了孩子们的行为。

寓言中的老人，像不像你的老师、上司？而钱，像不像你的奖学金、工资等各种各样的外部奖励？

如果将外部评价当作参考坐标，我们的情绪就很容易出现波动。因为，外部因素我们控制不了，它很容易偏离我们的内部期望，让我们不满，让我们牢骚满腹。不满和牢骚等负面情绪让我们痛苦，为了减少痛苦，我们就只好降低内部期望，最常见的方法就是减少学习或工作的努力程度。

一个人之所以会形成外部评价体系，最主要的原因是父母喜欢控制他。父母太喜欢使用口头奖惩、物质奖惩等控制孩子，而不去理会孩子自己的动机。久而久之，孩子就忘记了自己的原初动机，做什么都很在乎外部的评价。上学时，他忘记了学习的原初动机——好奇心和学习的快乐；工作后，他又忘记了工作的原初动机——成长的快乐，上司的评价和收入的起伏成了他工作快乐和痛苦的源头。

其实，外部评价系统通常是一种家族环境遗传，但你完全可以打破它，从现在开始培育自己的内部评价体系，让学习和工作变成“为自己而玩”。

哲学物语

我们常常认为学习是为了父母，工作是为了老板，稍有不顺，就会夸大自己的不幸，感觉自己是在为别人而忙碌着。其实，不管是努力学习还是认真工作，最主要的还是为了自己。没有谁为了别人而活，每个人都是在为自己而活。如果你不努力，你就会被生活所淘汰。想通这一点，我们就会少一些抱怨，多一些认真学习、努力生活的动力和快乐。

三、规划的寓言：把一张纸折叠51次

想象一下，你手里有一张足够大的白纸。现在，你的任务是，把它折叠51次。那么，它会有多高呢？

一个冰箱？一层楼？或者一栋摩天大厦那么高？不是，都差太多了，这个厚

度实际上已经超过了地球和太阳之间的距离。你能想象得到吗?

到现在，我拿这个寓言问过十几个人了，只有两个人说，这可能是一个想象不到的高度，而其他人所能想到的最高的高度也就是一栋摩天大厦那么高。

【心理点评】折叠51次的高度如此恐怖，但如果仅仅是将51张白纸叠在一起呢?

这个对比让不少人感到震撼。因为没有方向、缺乏规划的人生，就像是将51张白纸简单地叠在一起。今天做做这个，明天做做那个，每次努力之间并没有什么联系。这样一来，即使每项工作都做得非常出色，它们对你的整个人生来说也不过是简单的叠加而已。

当然，人生比这个寓言更复杂一些。有些人，一生认定一个简单的方向而坚定地做下去，他们的人生最后达到了别人不可企及的高度。譬如，有一个人，他的人生方向是学英语，他花了十数年努力，仅记忆的单词量就达到了十几万之多，在这一点上达到了一般人无法企及的高度。

也有些人，他们的人生方向也很明确，譬如开公司做老板，这样，他们就需要很多技能——专业技能、管理技能、沟通技能、决策技能等。他们可能会在一开始尝试做做这个，又尝试做做那个，没有一样是特别精通的，但最后，开公司做老板的这个方向将以前的这些看似零散的努力统合到一起，这也是一种复杂的人生折叠，而不是简单的叠加。

切记：看得见的力量比看不见的力量更有用。

现在流行从看不见的地方寻找答案，譬如潜能开发、成功学等，这些理论认为，我们的人生要靠一些奇迹才能得救。但是，在我看来，通过规划利用好现有的能力远比挖掘所谓的潜能更重要。

哲学物语

人生需要规划，这样我们才能达到一个高度。如果漫无目的，即使一辈子东奔西走，也只可能是在原地打转。另外，成功没有那么遥不可及，只要利用好我们现有的能力，找到自己的所长，为自己定好一个目标，我们就能较为容易地到达成功的彼岸。

四、逃避的寓言：小猫逃开影子的招数

“影子真讨厌！”小猫汤姆和小猫托比都这样想，“它总跟着我们，我们一定要摆脱它。”

然而，无论走到哪里，汤姆和托比发现，只要一出现阳光，它们就会看到那令它们抓狂的自己的影子。影子就像幽灵一样，对它们紧随不舍，永远跟在它们身边。

不过，最后，汤姆和托比终于都找到了各自的解决办法。汤姆的方法是，永远闭着眼睛。托比的办法则是，永远待在其他东西的阴影里。

【心理点评】这个寓言说明，一个小的心理问题是如何变成更大的心理问题的。

可以说，一切心理问题都源自对事实的扭曲。什么事实呢？主要就是那些令我们痛苦的负性事件。

因为痛苦的体验，我们不愿意去面对这些负性事件。但是，这样的负性事件一旦发生过，就注定要伴随我们一生，我们能做的，最多不过是将它们压抑到潜意识中去，这就是所谓的忘记。

但是，它们在潜意识中仍然会一如既往地发挥作用。并且，哪怕我们对事实遗忘得再厉害，这些事实所产生的痛苦仍然会袭击我们，让我们莫名其妙地伤心难过，而且无法抑制。这种疼痛让我们进一步努力去逃避。

发展到最后，通常的解决办法就是这两个：要么，我们像小猫汤姆一样，彻底扭曲自己的体验，对生命中所有重要的负性事实都视而不见；要么，我们像小猫托比一样，干脆投靠痛苦，把自己的所有事情都搞得非常糟糕，既然一切都那么糟糕，那个让自己最伤心的原初事件就不是那么糟了。

哲学人物

弗洛伊德：奥地利心理学家、哲学家，精神病医生及精神分析学家。弗洛伊德是精神分析学派的创始人，他提出了潜意识的存在。他主张性欲论，认为性的扰乱是精神病产生的根本原因。他的著名作品有《性学三论》《梦的解析》《图腾与禁忌》《精神分析引论》等。

心理医生说，绝大多数吸毒者有过痛苦的遭遇。他们之所以吸毒，是为了让自己逃避这些痛苦。这就像是躲进阴影里，痛苦的事实是一个魔鬼，为了躲避这个魔鬼，干脆把自己卖给更大的魔鬼。

还有很多酗酒的成人，他们中的很多人都有个酗酒而暴虐的父亲，挨过父亲的不少折磨。为了忘记这个痛苦，他们学会了用同样的方法去逃避。

除了这些看得见的错误方法之外，人类还发明了无数种的方法去逃避痛苦，弗洛伊德将这些方法称为心理防御机制。太痛苦的时候，这些防御机制是必要的，但糟糕的是，如果心理防御机制对事实扭曲得太厉害，它就会带出更多的心理问题，譬如强迫症、社交焦虑症、多重人格，甚至精神分裂症等。

真正抵达健康的方法只有一个——直面痛苦。直面痛苦的人会从痛苦中得到许多意想不到的收获，它们最终会变成当事人的生命财富。

一个最重要的心理规律是，无论多么痛苦的事情，你都是逃不掉的。你只能勇敢地去面对它，化解它，超越它，最后和它达成和解。如果你自己暂时缺乏力量，你可以向外界寻求帮助，或寻找亲友，或寻找专业人士，总之，你可以让你信任的人陪着你一起去面对这些痛苦的事情。

美国心理学家罗杰斯曾是最孤独的人，但当他面对这个事实并将其化解后，他成了真正的人际关系大师；美国心理学家弗兰克有一个暴虐并酗酒的继父和一个糟糕的母亲，但当他挑战这个事实并最终从心中原谅了父母后，他成了治疗这方面问题的专家；日本心理学家森田正马曾是严重的神经症患者，但他勇敢地挑战了这个事实，并最终发明了森田疗法……他们生命中最痛苦的事实最后都变成了他们最重要的财富。你，一样也可以做到。

哲学断语

其实，阴影和光明一样，都是人生的财富。与其逃避痛苦，不如勇敢面对。当你真正地把痛苦当作一种阅历时，痛苦就成了你的财富，它能让你从中汲取营养，让你成长。其实，没有什么痛是不能承受的，我们要学着让自己的心灵变得强大。你的心强大了，你就不用再逃避痛苦，相反，痛苦会被你踩在脚下。

五、行动的寓言——螃蟹、猫头鹰和蝙蝠

螃蟹、猫头鹰和蝙蝠去上恶习补习班。数年过后，它们都顺利毕业并获得博士学位。不过，螃蟹仍横行，猫头鹰仍白天睡觉晚上活动，蝙蝠仍倒悬。

【心理点评】这是黄永玉大师的一个寓言故事，它的寓意很简单：行动比知识重要。

这个寓言用到心理健康中，也同样发人深省。

心理学的知识堪称博大精深。但是，再多再好的心理学知识也不能自动帮助一个人变得更健康。其实，一些学过多年心理学的人士，他们学心理学的目的之一就是要治自己，但学了这么多年以后，他们的问题依旧。

之所以出现这种情况，一个很重要的原因是，他们没有身体力行，所以，他们学过的知识就只是遥远的知识，并没有化成他们自己的生命体验。

有一个喜欢心理学的人，曾被多名心理学人士认为不敏感，不适合学心理学。但事实证明，这种揣测并不正确。他是不够敏感，但他有一个非常大的优

点：每获得一项好知识，他就立即在自己的生命中去执行。这样一来，那些遥远的知识就变成了真切的生命体验，他不必“懂”太多，就可以帮助自己，并帮助很多人。

如果说，高敏感度是一种天才素质，那么高行动力是更重要的天才素质。

这个寓言还可以引申出另一种含义：不要太指望神秘的心理治疗的魔力，最重要的力量永远在你自己身上。奥秘的知识、玄妙的潜能开发、炫目的成功学等，都远不如你自己身上已有的力量重要。我们习惯从外界寻找答案，从别人那里寻找力量，结果却忘记了力量就在自己身上。

切记：别人的知识不能自动地拯救你。

如果一些连珠的妙语打动了你，如果一些文字或新信条启发了你，那么，这些别人的文字和经验都只是一个开始，更重要的是，你把你以为好的知识真正运用到你自己的生命中去。

请记住犹太哲学家马丁·布伯的这句话：

你必须自己开始。假如你自己不以积极的爱去深入生存，假如你不以自己的方式去为自己揭示生存的意义，那么对你来说，生存将依然是没有意义的。

哲学人物

马丁·布伯：奥地利哲学家、翻译家、教育家，主要研究宗教有神论、人际关系和团体等领域，作品《我与你》是他最重要的著述，其中论述了世界的二重性与人生的二重性、“我—你”在人类历史及文化中的呈现，以及上帝与人的关系等。他的影响遍及社会心理学、社会哲学和宗教存在主义等诸多领域。

哲学物语

人贵以学，而学贵以致用。如果学而不用，那么，我们学到的知识就只是一种空知识、空理论，不能对实际生活产生任何影响。所以，我们不但要善于把学到的知识应用到自己身上，更应该有积极进取的行动。当你应用了，知识才能成为你的知识；当你行动了，你的生活才会有所改变。无论何时，我们都应记住：从自身出发。

六、放弃的寓言：蜜蜂与鲜花

花园里，玫瑰花已经枯萎了，但蜜蜂仍停在上面拼命地吮吸着，因为它以前从这朵花上吮吸过甜蜜。但是，现在从这朵花上，蜜蜂能吮吸到的只有毒汁。

蜜蜂很快知道了这一点，因为毒汁是苦的，与以前甜蜜的味道有天壤之别。于是，蜜蜂非常懊恼、非常气愤，它吸一口就抬起头来向整个世界抱怨：为什么味道变了？

终于有一天，不知道是什么原因，蜜蜂自己振动翅膀，飞高了一点。这时，它发现，原来枯萎的玫瑰花周围，处处是鲜花。

【心理点评】这是一则关于爱情的寓言，它说明，人需要懂得放弃。

有一段时间，她失恋了，很痛苦，一直想约我聊聊，希望我的心理学知识能给她一些帮助。我们一直约时间，但快两个月过去了，两人的时间总是不能碰巧凑在一起。

最后一次约她，她说："谢谢！不用了，我想明白了。"

原来，她刚从九寨沟旅行回来。旅行期间，失恋的痛苦仍在纠缠她，让她神情恍惚，不能享受九寨沟的美丽。但在不经意间，她留意到一只小蜜蜂正在一朵鲜花上采蜜。一刹那间，她脑子里电闪雷鸣般地出现了一句话："枯萎的鲜花上，蜜蜂只能吮吸到毒汁。"

当然，大自然中的小蜜蜂不会这么做，只有人类才这么傻，她这句话里的蜜蜂当然指她自己。这一刹那，她顿悟出了放弃的道理。以前，她想让我帮她走出来，但翅膀其实就长在她自己身上，她想飞，就能飞。

放弃并不容易，爱情中的放弃尤其令人痛苦。因为，爱情是对我们幼小时候的亲子关系的复制。幼小的孩子，无论在哪个方面，都离不开爸爸、妈妈。如果爸爸、妈妈完全否定他，那对他来说就意味着死亡，这是终极的伤害和恐惧。我们多多少少都曾体验过被爸爸、妈妈否定的痛苦和恐惧，所以，当爱情——这个亲子关系的复制品再一次让我们体验这种痛苦和恐惧时，我们的情绪很容易变得非常糟糕。

不过，爱情和亲子关系相比，有一个巨大的差别：小时候，我们无能为力，一切都是父母说了算；但现在，我们长大了，我们有力量自己去选择自己的命运。可以说，童年时，我们是没有翅膀的小蜜蜂，而现在，我们已经有了一双强有力的翅膀。

只不过，当我们深深地陷入爱情时，我们会回归童年，我们会忘记自己有一双可以飞翔的翅膀。等我们自己悟出这一点后，爱情就不会再是对亲子关系的自动复制，我们的爱情就会获得自由，我们就有了放弃的力量。

爱情是两个人的事情，是两个完全平等的、有独立人格的人的事情。你可以努力，但不是说，你努力了就一定会有效果，因为另一个人，你并不能左右。

所以，无论你多么在乎一次爱情，如果另一个人坚决要离开你，请尊重他的选择。并且，还要记得，你不再是童年的你，只能听凭痛苦的折磨。你已成人，并且有一双强有力的翅膀，完全可以飞出那种已经变成毒药的关系。

哲学物语

当失败或失恋的痛苦来袭，我们常常会沉湎于痛苦中而不能自拔。我们往往会夸大自己的伤口，任凭自己被痛苦淹没。其实，当一件事物已经变质的时候，我们再怎么痛苦都无济于事。这时候，只要抬起来向周围看一看，你就会发现，明媚的阳光就在你身边。

七、亲密的寓言：独一无二的玫瑰

小王子有一颗小小的星球，一天，星球上忽然绽放了一朵娇艳的玫瑰花。以前，这个星球上只有一些无名的小花，小王子从来没有见过这么美丽的花，于是，他爱上了这朵玫瑰，并细心地呵护她。

在和玫瑰相处的那一段日子里，他以为，这是人世间唯一的一朵花，只有他的星球上才有，其他的地方都不存在。

然而，等他来到地球上之后，他发现仅仅一个花园里就有5000朵与他的玫瑰完全一样的花朵。这时，他才知道，他拥有的只是一朵普通的花。

起初，这个发现让小王子非常伤心和失落。但最后，小王子明白了，尽管世界上有无数朵玫瑰花，但他的星球上的那朵，仍然是独一无二的。因为那朵玫瑰花，他浇灌过，他给她罩过花罩，用屏风保护过她，给她除过身上的毛虫，还倾听过她的怨艾和自诩，也聆听过她的沉默……一句话，他驯服了她，她也驯服了他，她就是他独一无二的玫瑰。

“正因为你为你的玫瑰花费了时间，这才使你的玫瑰变得如此重要。”一只被小王子驯服的狐狸对他说。

【心理点评】这是法国名著《小王子》中一个有名的寓言故事，我曾读过十数遍，但是直到2005年才明白这一点。

面对着5000朵玫瑰花，小王子说：“你们很美，但你们是空虚的，没有人能为你们去死。”

只有倾注了爱，亲密关系才有意义。征服欲望越强的人，对于关系的亲密度越没有兴趣。没有拥有前，他们会想尽一切办法拉近关系和距离。但一旦拥有

后，他们会迅速丧失对这个亲密关系的兴趣。征服欲望越强，丧失的速度越快。

对于这样的人，一个玫瑰园比起一朵独一无二的玫瑰花来，更有吸引力。

然而，关系的美，正在乎两人的投入程度和被驯服程度。当两个人都自然而然地去投入，自然而然地被驯服后，这段关系就会变成人生养料，让一个人的生命变得更充盈、更美好。

但是，无论多么亲密，小王子仍是小王子，玫瑰仍是玫瑰，他们仍然是两个个体。如果玫瑰不让小王子旅行，或者小王子旅行时非将玫瑰带在身上，两者一定要黏在一起，这段关系就不再是享受，而会变成累赘。

切记，既亲密而又相互独立的关系，胜于一千种一般的关系。这样的关系，会把我们从不可救药的孤独感中拯救出来，是我们生命中最重要的一种救赎。如果不曾体验过，你就无法知道这种关系的美。

知识链接

《小王子》：法国儿童文学短篇小说，也是一部写给大人的童话，作者是飞行员安东尼·德·圣–埃克苏佩里。小说以一位飞行员作为故事叙述者，讲述了小王子从自己的星球出发，走访了包括地球在内的几个不同的星球，经历了各种冒险。全书以小王子孩子式的眼光，透视出成人的空虚、盲目和愚妄，表达出对金钱关系的批判和对真善美的讴歌。

哲学物语

我们每个人都需要一种互相信任和互相理解的亲密关系，有了亲密的朋友或伴侣，我们的人生才不会孤独。虽然属于我们的那个亲密的人与其他人相似，只是一个普通人，但不要看轻他，因为只有他和我们长期相处、相互磨合，于我们而言，他是独一无二的，我们不会找到第二个他。另外还要牢记，无论关系多么亲密，都要给对方独立的空间，相互独立又相互牵挂，这才是最美的关系。

第三节
心灵鸡汤，每天进步一点点

没有人不想成功，但事业的成功，需要积累。同样，每个人都要成长，人的成长过程也是一个积累的过程。本节准备了一系列“心灵鸡汤”，希望你读过之后，可以做到每天进步一点点，每天获取一点正能量，让自己健康快乐地成长！

1.舍与得

一天晚上，一群游牧部落的牧民正准备安营扎寨休息的时候，忽然被一束耀眼的光芒所笼罩，他们知道神就要出现了。因此，他们满怀殷切地期盼、恭候着来自上苍的重要旨意。最后，神终于说话了：“你们要沿路多捡一些鹅卵石，把它们放在你们的马褡子里。明天晚上，你们会非常快乐，但也会非常懊悔。”说完，神就消失了。

牧民们感到非常失望，因为他们原本期盼神能够给他们带来无尽的财富和健康长寿，但没想到神却吩咐他们去做这样一件毫无意义的事。但是不管怎样，那毕竟是神的旨意，他们虽然有些不满，但还是各自去捡拾了一些鹅卵石，放在他们的马褡子里。就这样，他们又走了一天。当夜幕降临，他们开始安营扎寨时，忽然发现他们昨天放进马褡子里的鹅卵石竟然都变成了钻石。正如神所说，他们高兴极了，同时也懊悔极了，因为他们后悔没有捡拾更多的鹅卵石。

其实，在我们的日常生活、

工作和学习中，又何尝不是这样呢？有许多眼前看似鹅卵石一样的东西被我们如敝履般地丢弃了，然而，忽然有一天，当我们需要它的时候，它就变成了钻石，而我们却不得不为以前丢弃它而懊悔不迭。

心灵感悟

生活因珍惜而美丽，我们要懂得珍惜身边拥有的一切。你珍惜它，它就是你生命中不可或缺的至宝；而如果你将它随意丢弃，那么你就会一无所有。因为你舍弃了它，它也舍弃了你，尤其在你需要它的时候。

2.心态

父子二人一起走路，同时看到一辆十分豪华的进口轿车。儿子不屑地对他的父亲说："坐这种车的人，肚子里一定没有学问！"父亲则轻描淡写地回答："说这种话的人，口袋里一定没有钱！"

心灵感悟

嫉妒的确是激励自己迅速成长的一副苦药，但仅仅是嫉妒终将是无用的，你还需要用实际行动来让自己和自己所嫉妒的对象看齐。请记住，行动永远比嘴上功夫来得更实际。

3.用人之道

去过寺庙的人都知道，一进庙门，首先看到的是弥勒佛，弥勒佛笑脸迎客，而在他的北面，则是黑口黑脸的韦陀。但相传，在很久以前，他们并不在同一个庙里，而是分别掌管不同的庙。弥勒佛热情快乐，所以来他庙里上香的人非常多。但他什么都不在乎，经常丢三落四，也没有好好地管理账务，所以庙里依然入不敷出。而韦陀虽然管账是一把好手，但他成天阴着脸，太过严肃，结果搞得来他庙里上香的人越来越少，最后，他的庙里香火断绝。佛祖在查香火的时候发现了这个问题，就将他们俩放在同一个庙里，由弥勒佛负责公关，笑迎八方客；而韦陀铁面无私，锱珠必较，佛祖就让他负责财务，严格把关。于是，在两人的分工合作下，庙里一派香火旺盛、欣欣向荣的景象。

心灵感悟

要想人尽其才，物尽其用，必须给他们或它们安排合理的位置。在这个世界上，没有废人，只有不会用人的人。只要用对了地方，废物能变宝物，庸才也能变人才。所以，做领导的不要总抱怨员工没干好工作，而要反思自己是不是合理分配了工作。只有分配合理了，让各人各司所长，才能达到事半功倍的效果。

4.救人

在一场激烈的战斗中，上尉忽然发现一架敌机向阵地俯冲下来。按照常理，发现敌机俯冲时要毫不犹豫地卧倒。可上尉并没有立刻卧倒，他发现离他四五米的远处，有一个小战士还站在那儿。他顾不上多想，一个鱼跃，飞身将小战士紧紧地压在了身下。此时，只听一声巨响，飞溅起来的泥土纷纷落在他们身上。上尉起身拍了拍身上的泥土，再回头一看，顿时惊呆了：刚才自己所处的那个位置被炸成了一个大坑。

心灵感悟

赠人玫瑰，手留余香。救人者冥冥之中也是在救自己。所以，在生活中遇到力所能及的忙，我们应该主动帮、积极帮。你伸一把手帮了别人，别人也会在你有困难的时候帮你。这本来就应该是一个互帮互助的世界，每个人都献出自己的一点点爱心，世界就会变得更加美好。

5.出门

古时候，有两个兄弟各自带着一个行李箱出远门。一路上，重重的行李箱将兄弟俩压得都喘不过气来。他们只好左手累了换右手，右手累了又换左手。忽然，大哥停了下来，到路边买了一根扁担，将两个行李箱一左一右挂在扁担上。这时，他一个人挑起两个箱子上路，反倒觉得轻松了很多。

心灵感悟

帮助别人的同时也帮助了自己！我们在人生的大道上，肯定会遇到许多困难。但我们是不是都知道，在前进的道路上，搬开别人脚下的绊脚石，有时恰恰是为自己铺路呢？

6.养牛之道

一次，我们到乡间旅行，看到一位老农在给牛喂草。但奇怪的是，他没有把草料放在牛很容易够到的地上，而是放在了一间小茅屋的屋檐上，牛要伸长脖子才能勉强够到。我们不禁问道："老伯伯，你为什么不把草放在地上，让它直接吃呢？"

老农说："这种草草质不好，我要是放在地上，它就会不屑一顾；但是我放到让它勉强可以够得着的屋檐上，它就会努力去吃，直到把全部草料吃个精光为止。"

心灵感悟

容易得到的，常被人看轻和忽略；只有通过努力得到的东西，才会被认为是贵重的。看来，事物的价值并不只在于其本身，还在于它所处的位置。另外，从学习老农的角度来讲，要达到目标，有时不妨采取"曲线救国"的方式。虽然理论上是两点间直线的距离最短，但在现实中，有时还需要绕个弯子才能够更好地实现。

7.给予

有位技艺精湛的老木匠准备退休，他告诉老板，说他要离开建筑行业，回家与妻子儿女享受天伦之乐。老板舍不得他走，问他是否能帮忙再建一座房子，老木匠不好推辞，回答说可以。但是，大家后来都看得出来，他的心已经不在工作上了，他用的是软料，出的是粗活，房子盖得远没有他之前盖过的任何一座房子好。当这座房子建好的时候，老板却把大门的钥匙递给了他。

"这是你的房子，"老板说，"我送给你的礼物。"老木匠震惊得目瞪口呆，也羞愧得无地自容。如果他早知道是在给自己建房子，他怎么会这样漫不经心呢？现在，他得住在一幢粗制滥造的房子里！

其实，我们又何尝不是这样？我们漫不经心地“建造”自己的生活，不是积极行动，而是消极应付，凡事不肯精益求精，在关键时刻不能尽最大努力。等我们惊觉自己的处境时，我们早已深困在自己建造的“烂房子”里了。

心灵物语

生活是自己创造的。把你当成那个老木匠吧，用你的智慧好好建造属于你自己的房子！你的生活是你一生唯一的创造，不能抹平重建或推倒重来。即使只有一天可活，那一天也要活得优美、高贵。另外还要记住：做任何事都要善始善终，不管是给别人，还是给自己。

8.要事第一

一位表演大师上场表演前，他的弟子告诉他鞋带松了。大师点头致谢，蹲下来仔细把鞋带系好。可是等到弟子转身后，他又蹲下来将鞋带解松了。有个旁观者不解地问：“大师，您为什么又要将鞋带解松呢？”大师回答道：“因为我饰演的是一位劳累的旅行者，长途跋涉让他的鞋带松开了。”

“那您为什么不直接告诉您的弟子呢？”

“他能细心地发现我的鞋带松了，并且热心地告诉我，我一定要保护他这种细心和热情，及时地给他鼓励。至于为什么要将鞋带解开，将来会有更多的机会教他表演，可以下一次再说啊。”

心灵物语

在处理某件事时，我们应首选对他人或对自己正面影响最大的那种方式，选择重点去做，而不重要的细枝末节，可以放到以后去做。只有在第一时间抓住重点，才能引导事情向更良好的方向发展。

9.经验主义

小男孩问爸爸：“是不是做父亲的总比做儿子的知道得多？”

爸爸回答："当然啦！"

小男孩问："电灯是谁发明的？"

爸爸说："是爱迪生。"

小男孩又问："那爱迪生的爸爸怎么没有发明电灯呢？"

心灵感悟

喜欢倚老卖老的人，也特别容易栽跟斗。长江后浪推前浪，要想总站在浪尖上，靠的不是年龄，而是不断地学习。

10.芯与锁

一把坚实的大锁挂在大门上，一根铁棍费了九牛二虎之力，还是无法将它撬开。钥匙来了，它瘦小的身子钻进锁孔，只轻轻一转，大锁就"啪"地一声打开了。铁棍奇怪地问："为什么我费了那么大力气也打不开，而你却轻而易举地就把它打开了呢？"钥匙说："因为我最了解它的心。"

心灵感悟

每个人的心，都像上了锁的大门，任你再粗的铁棒也撬不开。唯有体贴入微的关怀，才能把自己变成一把细腻的钥匙，进入别人的心中，了解别人。

11.博士

有一个博士分到一家研究所，成为所里学历最高的一个人。

有一天，他到单位后面的小池塘去钓鱼，正好正、副所长在他的一左一右，也在钓鱼。

他只是微微点了点头，心想：这两个本科生，有啥好聊的呢？

不一会儿，正所长放下钓竿，伸伸懒腰，"蹭蹭蹭"从水面上如飞般地走到对面上厕所。

博士眼睛瞪得都快掉下来了。水上漂？不会吧？这可是一个池塘啊。

正所长上完厕所回来的时候，同样也是"蹭蹭蹭"地从水上走回来的。

怎么回事？博士生又不好去问，自己是博士生哪！

过了一阵儿，副所长也站起来，走几步，“蹭蹭蹭”地踏过水面上厕所。这下子，博士更是差点昏倒：不会吧？莫非自己到了一个江湖高手云集的地方？

博士生也内急了。这个池塘两边有围墙，要到对面厕所必须绕十分钟的路，而回单位上厕所又太远，怎么办？

博士生也不愿意去问两位所长。憋了半天后，他也起身往水里跨：我就不信本科生能过的水面，我博士生不能过。

只听“咚”的一声，博士生栽到了水里。

两位所长将他拉了出来，问他为什么要下水。他反问：“为什么你们可以走过去呢？”

两位所长相视一笑，说：“这池塘里有两排木桩子，由于这两天下雨涨水，木桩子被淹没在水面下。我们都知道这木桩的位置，所以可以踩着桩子过去。你怎么不问一声呢？”

心灵感悟

学历代表过去，只有学习力才能代表将来。尊重经验的人，才能少走弯路。不管你是本科生还是博士生，抑或是顶级教授，都应该放低姿态，谦虚做人。

12.习惯人生

父子俩住在山上，每天都要赶牛车下山去卖柴。老父亲较有经验，坐镇驾车。山路崎岖，弯道特多，儿子眼神较好，总是在要转弯时提醒父亲：“爹，转弯啦！”

有一次，父亲因病没有下山，儿子一人驾车。到了弯道，牛怎么也不肯转弯。儿子用尽各种方法，下车又推又拉，还用青草在前面引诱，牛都一动不动。

到底是怎么回事？儿子百思不得其解。最后只有一个办法了，他左右看看无人，便贴近牛的耳朵大声叫道：“爹，转弯啦！”

牛应声而动。

心灵感悟

长期拉车，牛在转弯时形成了条件反射，而人也会按长期的习惯生活。一个成功的人懂得如何培养好的习惯来代替坏的习惯，当好的习惯积累多了，自然会有一个好的人生。

13.责任

五岁的汉克和爸爸、妈妈、哥哥一起到森林里干活。突然间，天下起雨来，可是他们只带了一块雨披。爸爸将雨披给了妈妈，妈妈又给了哥哥，哥哥又给了汉克。

汉克问道："为什么爸爸把雨披给了妈妈，妈妈又给了哥哥，哥哥又给了我呢？"

爸爸回答道："因为爸爸比妈妈强大，妈妈比哥哥强大，哥哥又比你强大。我们都会保护比较弱小的人。"汉克左右看了看，跑过去将雨披撑开来挡在了一朵在风雨中飘摇的娇弱小花上面。

心灵感悟

这个故事告诉我们，真正的强者不一定是多有力量，或者多有钱，而是他对别人多有帮助。责任可以让我们将事情做完整，爱可以让我们将事情做好。

14.断箭

春秋战国时期，一位父亲和他的儿子出征打仗。父亲已做了将军，儿子还只是个马前卒。又一阵号角吹响，战鼓雷鸣。父亲庄严地托起一个箭囊，其中插着一支箭。父亲郑重地对儿子说："这是家袭宝箭，配带身边，力量无穷，但千万不可抽出来。"那是一个极其精美的箭囊，用厚牛皮打制，镶着幽幽泛光的铜边儿，再看露出的箭尾，一眼便能看出那是用上等的孔雀羽毛制作的。

儿子喜上眉梢，闭目推想箭杆、箭头的模样，耳旁仿佛有嗖嗖的箭声掠过，敌方主帅应声折马而毙。果然，配带宝箭的儿子英勇非凡，所向披靡。当鸣金收兵的号角吹响时，儿子再也抑制不住得胜的豪气，完全忘记了父亲的叮嘱，强烈的好奇心驱使他“呼”地一声拔出了宝箭，试图看个究竟。骤然间，他惊呆了——一支断箭，箭囊里装的是一支折断的箭！

“原来，我一直挎着一支断箭打仗啊！”儿子吓得出了一身冷汗，仿佛顷刻间失去支柱的房子，意志轰然坍塌了。

结果不言自明，儿子惨死于乱军之中。

透过蒙蒙的硝烟，父亲拣起那支断箭，沉重地啐一口道：“不相信自己的意志，永远也做不成将军。”

把胜败寄托在一支宝箭上，这是多么愚蠢！而当一个人把生命的核心与把柄交给别人时，又是多么危险！比如，把希望寄托在儿女身上；把幸福寄托在丈夫身上；把生活保障寄托在单位身上……

心灵感悟

成功只能靠自己，不能靠别人。自己才是一支箭，若要它坚韧，若要它锋利，若要它百步穿杨，那就要不断磨砺它。拯救它的只能是自己。

15.“飞翔”的蜘蛛

信念是一种无坚不催的力量，当你坚信自己能成功时，你必能成功。

一天，我发现，一只黑蜘蛛在后院的两檐之间结了一张很大的网。难道蜘蛛会飞？要不然，从这个檐头到那个檐头，中间有一丈余宽，第一根线是怎么拉过去的呢？

后来，我发现蜘蛛走了许多弯路。它从一个檐头起开始打结，顺墙而下，一步一步、小心翼翼地向前爬。在这个过程中，它翘起尾部，不让丝沾到地面的沙石或别的物体上。走过空地，它才爬上对面的檐头，高度差不多了，再把丝收紧，以后也是如此。

原来是这样！我不由得赞叹蜘蛛的坚韧、勤奋与聪慧。蜘蛛不会飞翔，但它能够把网结在半空中。它的网织得精巧而有规矩，如八卦一样张开，仿佛得到神助。这样的成绩，使人不由想起那些沉默寡言的人和一些深藏不露的智者。于是，我记住了蜘蛛不会飞翔，但它照样能把网结在空中。

心灵悟语

奇迹源于执着与勤奋。如果说这世界上有天才，那也是用勤奋的汗水浇灌而成的。所以，在你没有取得成功的时候，不要抱怨自己没有聪慧的大脑，或者没有惊人的超能力，先要问问自己是否够执着，是否付出了足够的努力。

16.阴影是条纸龙

人生中，经常有无数来自外部的打击，但这些打击究竟会对你产生怎样的影响，最终的决定权在你手中。

祖父用纸给我做过一条长龙。长龙腹腔的空隙不大，仅仅能容纳几只蝗虫。我把蝗虫投放进去，但它们都死在里面了，无一幸免！祖父说："蝗虫性子太躁，除了挣扎，它们没想过用嘴巴去咬破长龙，也不知道一直向前可以从另一端爬出来。因而，尽管它有铁钳般的嘴壳和锯齿一般的大腿，也无济于事。"

而当祖父把几只同样大小的青虫从龙头放进去，然后关上龙头时，奇迹出现了：仅仅几分钟，小青虫们就一一从龙尾爬了出来。

心灵悟语

命运一直藏匿在我们的思想中。许多人走不出人生中的一些阴影，并非因为他们天生的个人条件比别人差多少，而是因为他们没有"要将阴影纸龙咬破"的思想，也没有耐心慢慢地找准一个方向，一步步地向前，直到眼前出现新的洞天。

17.永远的坐票

生活真是有趣：如果你只接受最好的，你经常会得到最好的。

有一个人经常出差，也经常买不到坐票。可是无论长途短途，无论车上有多挤，人有多多，他总能找到座位。

他的办法其实很简单，就是耐心地一节车厢一节车厢地找过去。这个办法听上去似乎并不高明，但却很管用。每次，他都做好了从第一节车厢走到最后一节车厢的准备，可是每次他都用不着走到最后一节车厢就会发现空位。他说，这是因为像他这样锲而不舍找座位的乘客实在不多。在他落座的车厢里，经常是还剩余不少空座位，而在其他车厢的过道和车厢接头处，居然人满为患。他说，大多数乘客轻易就被一两节车厢拥挤的表面现象迷惑了，不大细想在数十次停靠之中，在火车十几个车门上上下下的流动中蕴藏着不少提供座位的机遇；或者即使他们想到了，也没有那一份寻找的耐心。眼前的一方小小的立足之地很容易让大多数人满足，为了一两个座位背负着行囊挤来挤去，有些人也觉得不值。他们还担心万一找不到座位，回头连个好好站着的地方也没有了。与生活中一些安于现状、不思进取、害怕失败的人，永远只能滞留在没有成功的起点上一样，这些不愿主动找座位的乘客大多只能在上车时最初的落脚之处一直站到下车。

心灵感悟

自信、执着、富有远见、勤于实践，会让你握有一张人生之旅中永远的坐票。别再原地踏步，裹足不前了，向前走几步，你就会发现不一样的人生契机。

18.还有蓝天和阳光

有一个小沙弥，患了一种严重的抑郁症，为此，他情绪很低落，甚至有了轻生的念头。一天，他独自一人走上了寺院后面的悬崖，准备纵身跳下去。这时，一只大手按住了他的肩膀。他转身一看，原来是老方丈。看到老方丈，小沙弥的眼泪马上流了出来，他如实告诉方丈，他已经万念俱灰，只想一死了之。

老方丈关切地说："你这是误导自己，你拥有的东西还有很多很多。你先看看你手背上有什么？"小沙弥抬手看了看，讷讷地说："没什么呀！"老方丈说："那不满是眼泪吗？"小沙弥眨巴眨巴眼睛，又是串串眼泪。

老方丈又说："再看看你的手心。"小沙弥又摊开双手，看自己的手心，不无疑惑地说："没什么呀？"

老方丈"呵呵"一笑，说："那不满是阳光吗？"

小沙弥愣怔了一下，脸上也泛起丝丝的笑容。

老方丈又循循善诱地说："你再抬头看看。"

这回，小沙弥开窍了："还有蓝天，我还有蓝天！"

老方丈舒心地叹了口气，对小沙弥说："其实，你除了眼泪、阳光和蓝天，还有烦恼和痛苦，还有经书和木鱼，还有一颗勇敢和顽强的心。试想，一个连死都不怕的人，还有什么可怕的呢？凡是有痛苦和烦恼的人，都是可以拯救和自我拯救的。"

小沙弥忏悔地说："方丈，咱们回去吧，我今天还有需要背诵的经文呢。"

心灵感悟

当遭遇挫折的时候，我们常常会像这个小沙弥一样，感到万念俱灰，好像一切努力都成了泡影。其实，只要拿出勇气，坚强面对，我们就会发现，事情根本没有我们想得那么糟糕。

19.追求忘我

1858年，瑞典的一户富豪人家生下了一个女儿。然而不久，女孩患上了一种无法解释的瘫痪症，丧失了走路的能力。

一次，女孩和家人一起乘船旅行。船长的太太给女孩讲船长有一只天堂鸟，女孩被船长太太的描述迷住了，极想亲自看一看这只鸟。于是，保姆把女孩留在甲板上，自己去找船长。女孩耐不住性子等待，她要求船上的服务生立即带她去看天堂鸟。那服务生并不知道她的腿不能走路，而只顾带着她一道去看那只美丽的小鸟。这时，奇迹发生了，女孩因为过度地渴望，竟忘我地拉住服务生的手，慢慢地走了起来。从此，女孩的病便痊愈了。女孩长大后，又忘我地投入文学创作，最后成为第一位荣获诺贝尔文学奖的女性，她就是茜尔玛·拉格萝芙。

心灵感悟

忘我是走向成功的一条快捷方式，只有在忘我的状态下，人才会超越自身的束缚，释放出最大的能量。只要你的渴望足够热烈，奇迹就有可能在你身上发生。

20.乐观者与悲观者

乐观者在每次危难中都看到了机会，而悲观者在每次机会中都看到了危难。

父亲打算对一对孪生兄弟作"性格改造"，因为其中一个过分乐观，而另一个则过分悲观。一天，他买了许多色彩鲜艳的新玩具给悲观的孩子，又把乐观的孩子送进了一间堆满马粪的车房里。第二天清晨，父亲看到悲观的孩子正泣不成声，便问：“孩子，为什么不玩那些玩具呢？”

“玩了就会坏的。”悲观的孩子仍在哭泣。

父亲叹了口气，转身走进车房，却发现乐观的孩子正兴高采烈地在马粪里掏着什么。

“告诉你，爸爸。”乐观的孩子得意洋洋地向父亲宣称，“我想马粪堆里一定还藏着一匹小马呢！”

乐观者与悲观者之间，其差别是很有趣的：乐观者看到的是油炸圈饼，悲观者看到的是一个窟窿。

心灵感悟

悲观的人即使看到满眼的鲜亮色彩也感觉都是灰色，乐观的人即使看到满眼的灰色也能想象那后面一定隐藏着亮丽的风景。放开你的心胸，积极乐观一些吧，当你用乐观的眼光看世界，这世界便充满了无限的精彩。

21.居安思危

洪水未到先筑堤，豺狼未来先磨刀。

一只野狼卧在草地上勤奋地磨着牙，狐狸看到了，就对它说：“天气这么好，大家都在休息娱乐，你也加入我们的队伍吧！”野狼没有说话，继续磨牙，把牙齿磨得又尖又利。狐狸奇怪地问道：“森林这么静，猎人和猎狗已经回家了，老虎也不在近处徘徊，又没有任何危险，你何必那么用劲磨牙呢？难道你觉得磨牙好玩吗？”野狼停下来回答说：“我磨牙并不是为了娱乐。你想想，如果有一天我被猎人或老虎追逐，到那时，我想磨牙也来不及了。如果平时我就把牙磨好，遇到危险时就可以保护自己了。”

心灵感悟

做事应该未雨绸缪，居安思危，这样在危险突然降临时，才不至于手忙脚乱。“书到用时方恨少”，平常若不充实学问，临时抱佛脚是来不及的。也有人抱怨自己没有机会，然而当机会来临时，再叹自己平时没有积蓄足够的学识与能力，以致未能抓住，也只能后悔莫及。

22.挖井的和尚

有两个和尚分别住在相邻的两座山上的庙里。这两座山之间有一条小溪，两个和尚每天都会在同一时间下山去溪边挑水，久而久之，他们便成了好朋友。就这样，不知不觉已经过了五年。突然有一天，左边这座山的和尚没有下山挑水，右边那座山的和尚心想：“他大概睡过头了。”便不以为意。哪知道第二天，左边这座山的和尚还是没有下山挑水，第三天也一样。

过了一个星期还是一样。直到过了一个月，右边那座山的和尚终于受不了了，他心想：“我的朋友可能生病了，我要过去拜访他，看看能帮上什么忙。”于是，他便爬上了左边这座山，去探望他的老朋友。等他到了左边这座山的庙里，看到他的老友之后大吃一惊，因为他的老友正在庙前打太极拳，一点也不像一个月没喝水的人。他很好奇地问：“你已经一个月没有下山挑水了，难道你可以不用喝水吗？”左边这座山的和尚说：“来来来，我带你去看。”于是，他带着右边那座山的和尚走到庙的后院，指着一口井说：“这五年来，我每天做完功课后，都会抽空挖这口井。即使有时很忙，我也坚持不懈，能挖多少就算多少。如今，终于让我挖出了井水，我不用再下山挑水了，我可以有更多的时间练习我喜欢的太极拳了。”

心灵悟语

与其天天下山挑水，不如自己挖一口井。井是自己的，想什么时候喝水都可以。我们在年轻的时候，要多打造属于自己的东西，积累更多的资源，不仰仗于别人，以便有余力做更多其他的事情。

23.不要和诱惑较劲

某大公司准备以高薪雇用一名小车司机。经过层层筛选和考核之后，只剩下三名技术最优良的竞争者。主考者问他们："悬崖边上有块金子，你们开着车去拿，你们觉得能距离悬崖多近而又不至于掉落呢？"

"两公尺。"第一位说。

"半公尺。"第二位很有把握地说。

"我会尽量远离悬崖，愈远愈好。"第三位说。

结果这家公司录取了第三位。

心灵感悟

不要和各种诱惑较劲，而应离得越远越好。如果禁不住诱惑，你就有可能掉落万丈深渊，摔得粉身碎骨。

24.生命的热忱

有个妈妈在厨房洗碗，她听到小孩在后院蹦蹦跳跳玩耍的声音，便对他喊道："你在干吗？"小孩回答："我要跳到月球上！"你猜这位妈妈怎么说？她没有给小孩泼冷水，也没有对他说"小孩子不要胡说"或"赶快进来洗干净"之类的话，而是说："好，不要忘记回来喔！"后来，这个小孩成为第一位登上月球的人，他就是阿姆斯特朗。

心灵感悟

人的一生一定要努力避开一种人，就是那种时常泼你冷水的人。"热忱"就是一种热情，一种对人的热情、对事情的热情、对学习的热情，还有对生命的热情。时刻保持对生命和对这个世界的热忱，你将会创造奇迹。

25.天生我材必有用

动物园里，小骆驼问妈妈："妈妈，为什么我们的睫毛这么长？"

骆驼妈妈说："当风沙来的时候，长长的睫毛可以让我们在风暴中都能看得到方向。"

小骆驼又问："妈妈，为什么我们的背这么驼？丑死了！"

骆驼妈妈说："这个叫驼峰，它可以帮我们储存大量的水和养分，让我们能在沙漠里耐受十几天无水无食的饥渴。"

小骆驼又问："妈妈，为什么我们的脚掌这么厚？"

骆驼妈妈说："它可以让我们重重的身子不至于陷在软软的沙子里，便于长途跋涉啊。"

小骆驼高兴坏了："哇，原来它们这么有用啊！可是妈妈，为什么我们还在动物园里，而不去沙漠远足呢？"

心灵感悟

天生我材必有用，可惜现在没人用。一个好的心态+一个成功的方法+一个无限的舞台=成功。每个人的潜能是无限的，关键是要找到一个能充分发挥潜能的舞台。

26.宣泄情绪

有个朋友在公司里的很有人缘，他性情好，待人也和善，几乎没人见他跟谁生过气。有一次，我经过他家，便顺道去看看他，结果却发现他正在顶楼上对着天上的飞机吼叫。我好奇地问他原因，他说："我住的地方靠近机场，每当飞机起落时都会听到巨大的噪音。后来，当我心情不好或是受了委屈、遇到挫折，想要发脾气时，我就会跑上顶楼，等待飞机飞过，然后对着飞机放声大吼。等飞机飞走了，我的不快、怨气也被飞机一并带走了！"

回家的路上，我不禁想着，怪不得他脾气这么好，原来他知道如何适时宣泄自己的情绪。

心灵感悟

一味地压抑心中的不快并不能解决问题。在生活节奏紧凑繁忙的当今社会，人人都应学习如何舒解自己的精神压力，如此才能活出健康豁达的人生！

第四节
学会珍惜，力求最完美人生

我们生活在这个世界上，很多东西都是非常宝贵的，但却很难达到完美。因此，我们必须学会珍惜，珍惜我们所拥有的一切。同时，我们还要正视生活中的不完美，学会欣赏，学会接受，学会抉择，学会宽容，学会快乐，学会真正掌控自己的人生。

一个学生向苏格拉底请教：世界上什么东西最宝贵？苏格拉底没有直接回答，而是领着他的学生访问了许多人。

在医院里，他们访问了一个亿万富翁。这个富翁有好几套别墅，有好几辆名贵的马车，还有上百个仆人和十几个美若天仙的情人。但是，老天似乎和他过不去，偏偏让他患上了不治之症。这个富翁说："我觉得世界上最宝贵的是健康，如果谁能够给我一个健康的身体，我愿把我所有的财产都送给他。"

在斗牛场上，他们问一个斗牛士："世间最宝贵的东西是什么？"斗牛士有着非常雄健的身体，但是他最近失恋了，那位全城最漂亮的姑娘与他相恋四年，却在一个星期前投入另一个斗牛士的怀抱。斗牛士痛苦地说："爱情，真正的爱情才是世界上最宝贵的东西！"

在河边，他们遇到一个正在晒太阳的老人，年轻人向老人提出了同样的问题。老人颤巍巍地站起来，羡慕地盯着年轻人容光焕发的脸庞，说："在我看来，世间再没有东西比青春更宝贵的了！瞧，你拥有青春多么好，可惜青春对每个人来说只有一次，我再也不能拥有它了。”

他们一路访问下去，得到了许多不同的答案：拥有权力的人渴望得到友情，身陷囹圄的人渴望得到自由，精神压抑的人渴望得到快乐……人们的回答尽管各不相同，但有一点却是相同的：那些最宝贵的东西都是已经失去和即将失去的东西。

苏格拉底说：“孩子，世界上的许多东西其实都是十分宝贵的，当我们拥有它的时候浑然不觉，而一旦失去它，就感到它的宝贵了。所以，我们应该学会珍惜，珍惜我们所拥有的一切。”

一、世上没有完美之学会欣赏

有一个人非常幸运地获得了一颗硕大而美丽的珍珠，然而他并不感到满足，因为那颗珍珠上有一个小小的斑点。他想，若是能够将这个小小的斑点剔除，那么它肯定会成为世界上最珍贵的宝物。于是，他就狠心削去珍珠的表层，可是斑点还在。他又削去第二层，原以为这下可以把斑点去掉，没想到它仍然存在。他不断地削掉了一层又一层，直到最后，那个斑点没有了，而珍珠也不复存在了。这个人心痛不已，他无比懊悔地对家人说：“若当时我不去计较那个斑点，现在我的手里还会攥着一颗美丽的珍珠啊。”

哲学妙语

其实，这个世上根本就不存在完美，这正如一位名人所说的，“既然太阳上也有黑点，人世间的事情就不可能没有缺陷”。别再吹毛求疵，别再自寻烦恼，懂得欣赏你自身的和其他一切事物的不完美，生活才能接近完美。

二、世上没有完美之学会接受

漫漫人生路，波折和坎坷在所难免，跌倒过，失败过，但不该影响我们对未来成功的希冀和坚定的信念。对于已经成为过去的经历，我们除了叹息或悔恨外，则无力去改变。而对于未来，谁敢肯定，它就一定会比你的过去更糟，它就一定是你失败经历的延续？

有一句西方谚语说得好："不要为打翻的牛奶哭泣。"是的，牛奶被打翻了，漏光了，怎么办？是看着被打翻的牛奶哭泣，还是去做点别的？记住，被打翻的牛奶已成事实，不可能被重新装回瓶中。我们唯一能做的，就是接受事实，吸取教训，然后忘掉这些不愉快。这就如同人生：人生之不如意者，十之八九。无法改变的事，忘掉它；有可能去补救的，抓住最后的机会。后悔、埋怨、消沉不但于事无补，反而会阻碍新的前进步伐。

一个女职员早上去上班，却毫无道理地被老板炒了鱿鱼。中午，她坐在单位喷泉旁边的一条长椅上黯然神伤，她感到生活失去了颜色，变得暗淡无光。这时，她发现一个小男孩站在她的身后咯咯地笑，就好奇地问小男孩："你笑什么呢？""这条长椅的椅背是早晨刚刚漆过的，我想看看你站起来时背后是什么样子。"小男孩说话时一脸得意的神情。

女职员一怔，猛地想到：昔日那些刻薄的同事现在不正像这小家伙一样躲在我的身后想窥探我的失败和落魄吗？我绝不能让他们看笑话，绝不能丢掉我的志气和尊严！女职员想了想，指着前面对那个小男孩说："你看那里，那里有很多人在放风筝呢。"等小男孩发觉到自己受骗而恼怒地转过脸时，女职员已经把外套脱了拿在手里，她身上穿的鹅黄色毛线衣让她看起来青春漂亮。小男孩甩甩手，嘟着嘴，失望地走了。

生活中的失意随处可见，真的就如那些油漆未干的椅背在不经意间让你苦恼不已。但是如果已经坐上了，也别沮丧，以一种"猝然临之而不惊，无故加之而不怒"的心态面对，脱掉你脆弱的外套，你会发现，新的生活才刚刚开始！

哲学物语

告别昨天，不是放弃和逃避。告别昨天，是对生命的珍惜和重新诠释。过去的一切只能代表过去，不管它多么糟糕，也要坦然面对，学会接受。人生就是如此，在痛苦的时候也要潇洒地整理好衣襟，抬头向前。因为我们还有更重要的未来，未来对于每个人来说，都是一张白纸，如何书写，决定权在我们自己手里。

三、世上没有完美之学会珍惜

美国盲人女作家海伦·凯勒在自传《假如给我三天光明》中写道：“有时我想，要是人们把活着的每一天都看作是生命的最后一天，该有多好啊！这就更能显出生命的价值。”如果你把每一天都当成生命里的最后一天，你还会浪费自己每一天的生命吗？如果你珍视自己的每一天，好好生活，你将在某一天发现，原来一切皆在掌握之中。

如果我们要快乐，就必须学会感激我们所拥有的——此时此刻所拥有的。今天的抉择是明天的事实，我们必须学会，当事情来的时候抓住它们，当它们走时就该放手。就像苏格兰散文及历史学家汤玛士·喀莱尔所写的：“我们该做的不是看着远在天边的东西，而是做已经在手上的事。”如果我们总是把焦点放在遥远的未来，就会变得患得患失。许多人成天都在担忧那些还没有发生，甚至可能永远不会发生的事，并常常为此忧愁。他们这种状态，用一个成语来形容，就是“杞人忧天”。

有一个人，他生前善良而且热心助人，所以在他死后，上了天堂，做了天使。他当了天使后，仍时常到凡间帮助人，希望能感受到幸福的味道。

有一天，他遇见一个农夫，农夫看起来非常烦恼。农夫向他诉说：“我家的水牛刚死了，没它帮忙犁田，那我怎么下田劳作呢？”

相关人物

海伦·凯勒：19世纪美国盲聋作家、教育家、慈善家、社会活动家。因幼年的一次高烧，海伦·凯勒失明、失聪，但她凭借顽强的毅力，学会了读书和说话，并以优异的成绩毕业于哈佛大学拉德克利夫学院。她一生致力于残疾人事业，建立慈善机构，主要著作有《假如给我三天光明》《我的生活》等。

于是，他就赐给农夫一头健壮的水牛，农夫很高兴，他也在农夫的身上感受到了幸福的味道。

又有一天，他遇见一个男人，男人非常沮丧，向他诉说："我的钱都被骗光了，没有盘缠回乡。"于是他又送给这个男人一些银两做路费，男人很高兴，于是他在这个男人身上又感受到了幸福的味道。

又有一天，他遇见一个诗人。诗人年青、英俊、有才华而且富有，妻子貌美又温柔，但诗人却过得不快乐。他问诗人："你不快乐吗？我有什么能帮你的吗？"诗人对他说："我什么都有，只欠一样东西，你能够给我吗？"他回答说："可以。你要什么我都可以给你。"诗人直直地望着他，说："我想要的是幸福。"

这下可把他难倒了，不过他想了想，很快说："我明白了。"然后，他把诗人所拥有的都拿走了。他拿走了诗人的才华，毁了诗人的容貌，夺去了诗人的财产和诗人的妻子的性命。做完这些事后，他便离去了。

一个月后，他再回到诗人的身边。诗人那时已饿得半死，衣衫褴褛地躺在地上挣扎。于是，他又把诗人的一切还给了他，然后又离去了。半个月后，他再去看诗人。这次，诗人搂着妻子，不停地向他道谢，因为，他得到幸福了。

这就是生活。你拥有它的时候，总觉得平淡而且艰辛，你感觉不到它的美好；但当你发现只要失去这些就会一无所有时，便会万分珍惜它了。

哲学物语

拥有即是幸福。你没有财富，但你有健康；你没有美貌，但你有才华；你没有别墅豪宅，但你有温暖的家。珍惜你所拥有的，那些就是你的无价之宝。千万不要等到它们失去了，再追悔莫及。

四、世上没有完美之学会宽容

法国文学大师雨果说过："世界上最宽阔的是海洋，比海洋更宽阔的是天空，比天空更宽阔的是人的胸怀。"如果换一个角度去看待人生的失意和不幸，生活的质量就会大大提高。如果用一个宽大的胸怀去对人对事，世界将会更美好。只要多一分宽容，少一些怨天尤人，多一分友爱，少一些谁是谁非的计较，你就会生活得更轻松、更快乐。

一个人快乐，并不是因为他拥有得多，而是因为他计较得少。多是负担，是另一种失去；少非不足，是另一种有余；舍弃也不一定是失去，而是另一种更宽阔的拥有。美好的生活应该是时时拥有一颗轻松自在的心，不管外在的世界如何变化，自己都能有一片清静的天地。清静不在热闹繁杂中，更不在一颗所求太多的心中，放下挂碍，开阔心胸，心里自然清静无忧。

南京多宝寺内弥勒佛旁有这样一副对联："大肚能容，容天容地，与己何所不容；开口便笑，笑古笑今，凡事付之一笑。"宽容别人的无理，宽容别人的傲慢，宽容别人的自私，宽容别人的浅薄，宽容别人的无信，宽容别人的狭隘，宽容别人的失误……人无完人，每个人都有许多优点和丑陋之处，每个人都期望自己的缺点和错误能得到别人的谅解和宽容。将心比心，对待别人的缺点和错误，自己没有理由不采取宽容的态度。

古时候，有一位德高望重的禅师夜间到户外练功，无意间发现寺院的高墙边多了一把椅子，禅师知道这是有违寺规的徒弟到寺外去了。正在这时，墙外传来了脚步声，禅师猜到这是徒弟回来了，于是躬下身体，趴在了椅子上。回来的徒弟爬过墙，踩到了软软的"椅子"上，甚觉奇怪，低头一看，原来自己踏在了师父的脊背上，顿感羞愧难当，只好等待师父的严厉责罚。可是禅师并未发怒，只是温和地说："时间不早了，快回去吧！"后来的日子里，禅师再

相关人物

雨果：法国浪漫主义作家，人道主义的代表人物，法国文学史上卓越的资产阶级民主作家。雨果一生写过多部诗歌、小说、剧本以及各种散文和文艺评论等文章，作品多赞颂真善美，鞭挞黑暗、丑恶和残暴，其代表作有《巴黎圣母院》《悲惨世界》。

也没有提及这件事。而小徒弟从禅师的宽容中获得了启迪，此后再也没有违规出过寺院，而是一心苦练，最后成了寺院里的佼佼者。

这样的宽容是如此美丽，美丽得像天空一样高远、辽阔，使生活着的人们忘却了冰雪的冷酷和风雨的暴虐，而倍感阳光的温暖和彩虹的绚丽。

宽容是一种修养，是一种美德，是一种快乐，是一种自信。懂得宽容，你就会知道，生活中比才智更难能可贵的是人格，比才智的神奇更能打动人心的是人格的魅力，比人格的魅力更能提升生活质量的是宽容的力量，因为宽容是人们生活中的幸福阳光。

哲学物语

唯宽可以容人，唯厚可以载物。宽容别人，就是宽容自己，愉悦自己；宽容自己，就是善待自己，幸福自己。宽容就是幸福。

五、世上没有完美之学会善待自己、享受生活

五官科病房里同时住进两位病人，都是鼻子不舒服。在等待化验结果期间，甲说，如果是癌，他立即去旅行，并首先去拉萨。乙也同样如此表示。结果出来了，甲得的是鼻癌，乙长的是鼻息肉。

甲列了一张告别人生的计划表离开了医院，乙住了下来。甲的计划表是：去一趟拉萨和敦煌；从攀枝花坐船一直到长江口；到海南的三亚以椰子树为背景拍一张照片；在哈尔滨过一个冬天；从大连坐船到广西的北海；登上天安门；读完莎士比亚的所有作品；力争听一次盲艺人阿炳原版的《二泉映月》；写一本书……凡此种种，共27条。

他在这张生命的清单后面这样写道："我的一生有很多梦想，有的实现了，有的由于种种原因没有实现。现在上帝给我的时间不多了，为了不遗憾地离开这个世界，我打算用生命的最后几年去实现还剩下的这27个梦。"

于是，甲辞掉了公司的职务，先去了拉萨和敦煌。第二年，他又以惊人的毅

力和韧性通过了成人考试。在此期间，他登上过天安门，去了内蒙古大草原，还在一户牧民家里住了一个星期。现在，他正在实现他出一本书的夙愿。

有一天，乙在报上看到甲写的一篇散文，打电话去问甲的病情。甲说：“我真的无法想象，要不是这场病，我的生命该是多么的糟糕。是它提醒了我，去做自己想做的事，去实现自己想去实现的梦想。现在我才体味到什么是真正的生命和人生。你生活得也挺好吧？”乙没有回答。因为当初在医院时说的去拉萨和敦煌的事，他早已因患的不是癌症而放到脑后去了。

在这个世界上，其实每个人都患有一种癌症，那就是不可抗拒的死亡。我们之所以没有像那位患鼻癌的人一样，列出一张生命的清单，抛开一切多余的东西去实现梦想，去做自己想做的事，是因为我们认为我们还会活得更久，还有的是时间。然而，也正是这一点量上的差别，使我们的生命有了质的不同：有些人把梦想变成了现实，有些人把梦想带进了坟墓。

善待自己，享受生活。诚然，工作和事业是我们人生价值的体现工具，但我们不是工作的奴隶，金钱也不是我们追逐的唯一目标。享受生活中的美好，家人、朋友、爱情、亲情，多给自己一点时间，才是真正懂得生活的人。

在你比较轻松、事情比较少的日子里，专门选择一天时间。在这一天中，做你自己最要好的朋友。满怀感情地对待自己，为自己祝福，将自己泡在充满泡沫的浴缸中，放声歌唱。为自己做一顿最爱吃的饭菜，慢慢地享用，用一整天的时间来爱自己。

通过友善地对待自己，你会逐渐地觉得自己的状态开始好转，而且你还会对自己的身体和思想产生感激之情。如果你能够时不时地善待自己，你很自然地就觉得生活是美好的。

一个圆，被切去了好大一块，它想让自己恢复完整，变成一个完美的圆，因此就四处寻找失去的部分。因为它残缺不全，只能慢慢滚动，所以一路上，它欣赏着花草树木，和毛毛虫聊天，还享受着阳光。它找到过各种不同的碎片，但都不合适，所以它还是一路继续往前寻找。有一天，这个残缺不全的圆终于找到了一块非常合适的碎片，它很开心地把碎片拼上，开始了滚动。

现在它是完整的圆了，能滚得很快，但却很难有机会欣赏路边的花草树木，也不能和毛毛虫聊天了。它终于明白，滚动得太快，让它看到的世界已经变得完全不同了。于是，它停了下来，把补上的碎片丢在路旁，又开始慢慢地滚动。

人，也是如此，要懂得经常停下脚步看看天空，看看云，只有知道停止的人，才能欣赏到真正的风景。

哲学物语

人需要自己善待自己，人需要自己原谅自己，而不要给自己背上太重的包袱，因为我们的出发点就是让自己快乐。慢慢走，学会放松与享受。一生的时间很长，一生的时间也短，我们要在有限的时间内做自己想做的事情，莫蹉跎了岁月，浪费了时间。

六、世上没有完美之学会快乐

生活中不顺利的事太多了：下雨没带伞，被淋湿衣服；匆忙赶到车站，却只能看着末班车缓缓驶去的背影；工作中明明很努力、很勤恳，却没被老板看到，而别人却加了薪……人生在世，不如意事常八九，这是一种客观规律，不以人的意志为转移。

倘若把不如意的事情看成是自己构想的一篇小说，或是一场戏剧，自己就是那部作品中的一个主角，心情就会变好许多。如果一味地沉入不如意的忧愁中，只能使不如意变得更不如意。“去留无意，闲看庭前花开花落；宠辱不惊，漫随天际云卷云舒”。既然悲观于事无补，那我们何不用乐观的态度来对待人生，守住乐观的心境呢？

用乐观的态度对待人生，可以看到“青草池边处处花”“百鸟枝头唱春山”；用悲观的态度对待人生，举目只是“黄梅时节家家雨”，低眉即听“风过芭蕉雨滴残”。譬如打开窗户看夜空，有的人看到的是星光璀璨，有的人看到的是黑暗一片。一个心态正常的人可在茫茫的夜空中读出星光的灿烂，增强自己对生活的自信；一个心态不正常的人则让黑暗埋葬了自己，而且越葬越深。

守住乐观的心境实在不易，悲观在寻常的日子里随处可以找到，而乐观则需要努力，需要智慧，才能使自己保持一种人生处处充满生机的心境。悲观使人生的路愈走愈窄，乐观使人生的路愈走愈宽，选择乐观的态度对待人生是一种机智。在诸多无奈的人生里，仰望夜空看到的是闪烁的星斗；俯视大地，大地是绿了又黄、黄了又绿的美景……这种乐观是靠顽强的毅力支撑起来的一道风景。

“一些人往往将自己的消极情绪和思想等同于现实本身，”心理学家米切尔·霍德斯说，“其实，我们周围的环境从本质上说是中性的，是我们给它加上了或积极或消极的价值，问题的关键是你倾向于选择哪一种。”

米切尔·霍德斯做了一个极为有趣的实验。他将同一张卡通漫画显示给两组被试者看，其中一组人员被要求用牙齿咬着一支钢笔，这个姿势就仿佛在微笑一样；另一组人员则必须将笔用嘴唇衔着，显然，这种姿势使他们难以露出笑容。结果，米切尔·霍德斯发现，前一组比后一组被试者更认为漫画可笑。这个实验表明，我们心情的不同往往不是由事物本身引起的，而是取决于我们看待事物的不同方式。

心理学家兰迪·莱森也曾讲过一个他自己的故事：“有一天，我的秘书告诉我‘你看起来好像不高兴’，我才意识到自己双眉紧锁，面部表情也十分僵硬。于是，我便对着镜子改变我的表情，嘿，不一会儿，那些消极的想法便全没有了。”是啊，生命如此短暂，我们又何必自寻烦恼呢!

哲学物语

漫漫人生路，似乎常在海浪里不停地起浮载沉。但再大的风雨和波浪，总有平息的时候，只要放开心情，开怀地大笑几声，就一定会看到晴天。请记住，时刻让自己的脸上充满笑容，即使有一千个要哭的理由，我们也要找出第一千零一个理由去笑!

七、世上没有完美之学会抉择

你知道如何训练跳蚤吗？训练跳蚤时，把它们放在广口瓶中，用透明的盖子盖上。这时，跳蚤就会跳起来，并会撞到盖子，而且是一再地撞到盖子。过一段时间，你再仔细观察，就能发现一些有趣的事情，跳蚤会继续在瓶子里跳，但是它们不再跳到足以撞到盖子的高度了。然后，你拿掉盖子就会发现，虽然跳蚤还在继续跳，但却不会跳出广口瓶以外了。

原因很简单，跳蚤已经调节了自己跳的高度，而且适应了这种情况，不再改变。不但跳蚤如此，人也一样，有什么样的目标就有什么样的人生。人往往在不经意间就失去了原有的自己，远离了当初的人生目标。等到发现时，已距离最初的理想相去甚远。所以，别忘了多提醒自己，人生就是不断抉择的过程，而决定方向的是自己的人生态度和长远目标。

要想得到一个真正想要的人生，就要设定你真正想要的目标，而不是把那些令你心烦又提不起劲的痛苦的事当目标。比如，你想成为行业中的顶尖人物，取得一些不平凡的成就，实现你儿时的梦想，或是赚取多少财富、去哪个国家游玩、与什么人交友、学到什么新技能、拥有一个健康的体魄等，都可以当作你的目标。

学会选择，勇于抉择，人生没有完美，但我们不能停止追求！

哲学物语

你追求什么高度，你的人生才能达到什么高度。如果你放低对自己的要求，你就只能和跳蚤一样，再也跳不出那个圈禁你的“广口瓶”。世间没有完美，但我们要懂得追求，不轻易放弃自己的人生目标，坚守自己的梦想，你的人生才能美丽绽放。

八、世上没有完美之学会掌控自己的情绪

唐朝著名禅师慧宗好种兰花。一次，慧宗要外出讲经弘法，就吩咐弟子看护好种在寺里的数十盆兰花。弟子深知师父酷爱兰花，因此侍弄得特别小心。但不幸的是，一天深夜，突然狂风大作，下起暴雨，拔树掀瓦，兰花被砸得满目疮痍。几天后，禅师回到寺里，弟子忐忑不安，深怕师父怪罪。慧宗得知原委，说：“事已如此，生气又有何益？当初，我也不是为了生气而种兰花的。”弟子如醍醐灌顶，大彻大悟。

“事已如此，生气又有何益？当初，我也不是为了生气而种兰花的。”看似平淡的话，暗示了多少佛门禅机，蕴蓄了多少人生智慧！

将那棵快乐的兰花栽种于心田吧，拥有了兰心蕙质，我们的心境一定会盈满幸福。

一位老中医说过："愤怒时要制怒，过喜时要收敛，悲伤时要转移，忧愁时要释放，焦虑时要消遣，惊慌时要镇静。"无论遇到什么事情，要知足常乐，泰然处之，用积极轻松的心态迎接挑战，做一个掌控自己情绪的人。

快乐只是一种心态，和你的富裕程度无关，甚至和生活的顺利与否、成功的多少无关。每个人都曾有烦恼或正在经历烦恼，事实上，这些烦恼都是我们自找的，本来就没有烦恼，或者说它们原本就不是烦恼。例如，当了几年处长之后又想当局长，结果一个资历比自己差的人提上去了，所以你就不高兴了，但反过来想想，其实你现在所处的位置还不知有多少人正羡慕着呢。还有的人为钱而烦恼，有了一万想两万，有了两万想三万……还是烦恼。可你除了想过钱多也有钱多的得意，有没有想过钱多也有钱多的烦恼，钱少的或许没有钱多的那么神气，但钱少的也没有钱多的那么多担忧，平民小户没有大富人家对盗贼绑架的担心，也少有为争夺家产使兄弟反目甚至相残的悲哀。

每个人都有七情六欲、喜怒哀乐，有烦恼也是人之常情，是避免不了的。但是，由于每个人对待烦恼的态度不同，所以，烦恼对人的影响也不同。通常人们所说的乐天派与多愁善感型就是典型的例子。乐天派的人一般很少自找烦恼，而且善于淡化烦恼，所以活得轻松，活得潇洒；而多愁善感的人喜欢自找烦恼，一旦有了烦恼，便忧愁万千，牵肠挂肚，离不开，扔不掉，活得有些窝囊。钱钟书在《围城》里也有一段妙解：天下有两种人。譬如一串葡萄到手，一种人挑最好的先吃，另一种人把最好的留在最后吃。前一种人永远快乐，他吃的总是剩下的葡萄中最好的；后一种人永远悲哀，他吃的总是剩下的葡萄中最坏的。

快乐与幸福与否，真的只在自己。很多时候，我们因为别人而生气，其实就是在拿别人的错误惩罚自己，因他人的失误或恶劣态度而令自己郁郁寡欢。

相关人物

钱钟书：中国现代著名作家、文学研究家。钱钟书毕业于清华大学，留学于英国牛津大学，晓畅多种外文，包括英、法、德语，亦懂拉丁文、意大利文、希腊文、西班牙文等。他的代表作有《围城》《管锥篇》等。

每人心中都有把“快乐的钥匙”，但我们却常在不知不觉中把它交给别人掌管。一个成熟的人会紧握着“快乐的钥匙”，他不期待别人使他快乐，反而能将快乐与幸福带给别人。

一位女士抱怨道：“我活得很不快乐，因为先生常出差不在家。”她把快乐的钥匙放在先生手里。

一位妈妈说：“我的孩子不听话，叫我很生气！”她把快乐的钥匙交在孩子手中。

男人可能说：“上司不赏识我，所以我情绪低落。”这把快乐的钥匙又被塞在老板手里。

婆婆说：“我的媳妇不孝顺，我真命苦！”

年轻人从文具店里走出来说：“那位老板服务态度恶劣，把我气炸了！”

……

这些人都作了相同的决定，就是让别人来控制自己的心情。

当我们容许别人掌控我们的情绪时，我们便觉得自己是受害者，对现状无能为力，于是，抱怨与愤怒成为我们唯一的选择。我们开始怪罪他人，并且向他人传达这样一条信息：“我这样痛苦，都是你造成的，你要为我的痛苦负责！”

此时，我们就好像把自己的快乐建立在别人的行为上，即要求他们使我们快乐，似乎自己是一个可怜的无法自主的木偶，喜怒只能任别人控制。其实，这是很不明智的做法，自己的不快乐，只会让自己心情糟糕，除此以外，它能给伤害你的人带来什么影响呢？

你的那把快乐的钥匙在哪里呢？还在别人手中吗？快去把它拿回来吧，紧紧地握在自己的手中。

哲学智慧

无论何时，快乐都掌握在我们自己手中。只要我们学会不计较，不在乎，任是谁都不能让我们不快乐。所以，我们平时要多注意控制自己的情绪，不要让自己的情绪为他人的言行所左右。放开心胸，淡然处之，你就是自己快乐人生的主宰。

后记

编写这本校本教材，是我校实施新课程标准的一项教育科研的探索，同时也是为了配合新教材更好地进行政治课教学，引导学生学会做人、学会学习、学会审美、学会实践、学会创新，进而开发学生智力，使学生端正学习态度、激发学习动力、养成良好习惯、塑造完美人格。

教材在使用时主要要求学生能够自主学习、参与讨论、努力探究、畅所欲言、体验感悟。希望在使用过程中，学生能大胆对所列事例提出不同意见展开讨论，教师能提出不同见解和创新的理论，使本教材得以补充和完善，得到更深层次的开发。

编写这本校本教材的另一个目的，就是希望此书能成为学校校本研修的重要研究成果之一，因为现代教师不但应该教书育人，还应努力成为教育的学者。

由于本人编写能力不强，水平有限，资料很少，引用借鉴的知识面窄，可能会存在很多缺点和错误。希望诸位读者在阅读后，提出宝贵的意见和建议。

最后，用一段话与此书读者共勉：生活中，我们哭，并不代表屈服；退一步，并不象征认输；放手，并不表示放弃；微笑，并不意味快乐！我们总喜欢去验证别人对我们许下的诺言，却很少去验证自己给自己许下的诺言。我希望我们都能走向最远的方向——哪怕前路迷茫；抱着最大的希望——哪怕山穷水尽；坚持最强的意志——哪怕刀山火海；做好最坏的打算——哪怕从头再来。曾经拥有的，不要忘记；已经得到的，更要珍惜；属于自己的，不要放弃；已经失去的，留着回忆；想要得到的，必须努力！